I0050355

CE QUE LES OISEAUX
ONT À NOUS DIRE

GRÉGOIRE LOÏS

Ce que les oiseaux ont à nous dire

Fayard

Photographie : Mérion couronné,
Australie © Simen Bambic
Couverture : Le petit atelier
Illustrations in-text : © Marthe Drucbert

ISBN : 978-2-213-71190-4
© Librairie Arthème Fayard, 2019
Dépôt légal : mai 2019

Une expérience de grande ampleur a été menée sur le comportement des Mésanges charbonnières. À l'aide de mangeoires spécifiques, on a enregistré les visites des individus et observé leurs attitudes au moment de choisir entre deux possibilités (notamment entre deux couleurs).

Contre toute attente, l'expérience a prouvé que les Mésanges se transmettent leurs pratiques de génération en génération.

C'est, peut-être, la plus simple définition de la culture.

Avant-propos

À découvrir les traces des civilisations passées, il semble bien que les oiseaux aient toujours occupé notre imaginaire : des divinités animales ou humaines à bec se rencontrent dans des ères très éloignées dans le temps et l'espace. On trouve pêle-mêle : les Grands Corbeaux accompagnant Odin, les aigles impériaux, les Coqs des étendards, la déesse de la sagesse de la mythologie grecque symbolisée par une Chouette, le dieu faucon Horus de la vallée du Nil, l'Aigle dévorant un serpent, indiquant aux Aztèques l'emplacement de Mexico, le géoglyphe du désert de Nazca représentant un Condor, le Phénix, roi des oiseaux de la Chine ancienne, et plus ancien parmi les anciens, cette mystérieuse silhouette humaine

à tête d'oiseau sur les parois de la grotte de Las-
caux, vieille de presque 20 000 ans.

C'est avec la civilisation occidentale que cette
passion des oiseaux s'est vue codifiée, normée.
En 1937, Olin Sewall Pettingill, de l'Université de
Cornell, dans l'état de New York, publie *Ornitho-
logy in the laboratory and field*, l'ornithologie au
laboratoire et sur le terrain. C'est probablement
le premier manuel régissant cette activité et ces
cinq-cents pages ont été maintes fois rééditées.
On y trouve tout ce qu'on pourrait désirer savoir
sur les oiseaux, leurs structures, leurs mœurs, et
comment s'y intéresser.

Parmi les divers éléments listés dès l'introduction comme indispensables à l'ornithologue de
terrain, outre les jumelles et le guide d'identifica-
tion, se trouve le carnet d'observation, dit « carnet
d'obs » dans le milieu.

En 1984, Jean-François Alexandre et Guillhem
Lesaffre publient *Regarder vivre les oiseaux*, un
manuel pour exercer cette passion plus accessible
que celui de Pettingill, et dont le titre ouvre une
porte à la contemplation.

Il y est écrit : « Avec les jumelles, le carnet désigne l'ornithologue, il y fait le relevé de ses rencontres [...], y relate les comportements et les situations remarquables dont il a été témoin. »

Je suis ornithologue depuis des années. Pourtant, je fais partie de ceux n'ayant jamais tenu de carnet. Nous sommes peu nombreux, en vérité, à penser que le vivant perd sa force dans les mots. J'ai bien tenté parfois, aiguillonné par ces injonctions, mais mes observations ponctuelles ne m'ont jamais paru dignes de sortir de ma mémoire pour être ainsi consignées.

Avec ce livre, je reviens sur cette décision. J'ai observé et je veux le raconter. Transmettre les heures que ma famille et moi, avec Anne, ma femme depuis bientôt trente-cinq ans et nos deux enfants, Aïda et Tanguy, avons passé dehors, dans le froid ou au soleil, la tête levée vers les branches ou les cieux.

Par-là, je veux tenter de créer, avec des histoires, un lien entre les lecteurs et les oiseaux ; jeter un pont entre ciel et terre ; et dévoiler par-là ce que les oiseaux ont à nous dire.

En 1996, j'ai intégré le Centre de recherches sur la biologie des populations au sein du Muséum national d'histoire naturelle. Ce laboratoire coordonne les activités de capture d'oiseaux auxquelles se livrent des passionnés – en y consacrant une grande partie de leur temps, de leur énergie et de leurs moyens –, afin de développer des études scientifiques.

Le Centre s'appuie sur ce partenariat entre amateurs, au sens noble du terme, et professionnels. Comme si, par nature, l'ornithologie avait besoin des non-spécialistes, des observateurs enthousiastes, pour produire son savoir.

Au laboratoire, les oiseaux sur lesquels nous nous concentrons alors sont principalement ceux dont la migration est spectaculaire, mal connue, ou encore ceux qui appartiennent à une espèce rare ou prisée par les chasseurs.

Une fois capturé, chacun d'entre eux est examiné longuement, avant de repartir porteur d'une bague frappée d'un matricule unique. Ensuite, tout repose sur l'espoir de retrouver l'oiseau, plus tard ou ailleurs, vivant ou mort, afin d'estimer les paramètres démographiques des espèces ou de caractériser leurs déplacements – soit leur nombre et leur migration.

Une douzaine d'années avant la fin du millénaire, l'idée de mettre en place un suivi par comptage, presque à l'image des recensements de populations humaines, commence à s'installer en Europe, deux décennies après l'Angleterre ou l'Amérique du Nord, précurseurs en la matière. Un choc culturel pour tous les passionnés : l'observation devient standardisée, répétée dans des conditions identiques et par le plus grand nombre d'observateurs possible.

Chaque ornithologue, chaque amateur même, peut alors avoir accéder à des données longtemps inaccessibles : les variations d'abondance des populations d'oiseaux communs nicheurs. De simples observateurs, nous devenons démographes. Nous disposons des éléments factuels décrivant à plus grande échelle les fluctuations d'effectifs.

Pour autant, aucun de nous ne s'attendait à ce constat sans appel : les espèces les plus communes déclinent dramatiquement. Et même si certaines d'entre elles montrent des variations inattendues, la plupart sont frappées d'une baisse des effectifs – bien souvent, nous le verrons, ce sont les effets directs ou indirects de l'industrialisation des pratiques agricoles ou du réchauffement climatique.

Et pourtant. Qu'elles soient plus ou moins répandues, qu'elles occupent les milieux les plus naturels ou les plus artificiels, ces espèces sauvages ont bien des choses à nous dire. Des discours implicites parfois, portant sur nous-mêmes pour la plupart, diversement exprimés, par le chant ou même l'absence de chant.

Puisqu'il est urgent de les écouter, ce livre tente d'en dresser l'inventaire, avec la passion de l'enfant qui énumère ce qu'il aime, celle de l'adolescent qui se lance dans ses premières collections, et celle de l'expert épris de chercher et avide de trouver.

Du milieu si singulier de l'ornithologie, il essaie de faire un balcon sur l'univers. Il s'efforce de donner à voir la magnificence et la précarité du vivant.

1.

Il y a plus d'un siècle, un oiseau bagué dans la baie de Muscongus, dans le Maine, entre Montréal et la Nouvelle-Écosse, est retrouvé mort quatre ans plus tard, en août 1917, dans le delta du Niger, au Nigeria. Dix ans plus tard, le 22 juin, un poussin de la même espèce, une Sterne arctique, est bagué au Labrador. Le 1er octobre 1927, on le retrouve à La Rochelle, 5 000 kilomètres plus loin, battant des ailes. En trois mois, cet oisillon dodu, maladroit, a donc grandi, acquis un plumage, appris à voler et traversé un océan.

L'auteur du baguage, O. L. Austin Jr., du Muséum de zoologie comparative de l'université de Harvard, publie immédiatement un article dans le *Bulletin of the Northeastern Bird-Banding Association*.

Il y émet une hypothèse : les migrations de ces oiseaux seraient héritées de leur population initiale, située en mer du Nord, dont l'aire se serait progressivement étendue jusqu'en Amérique du Nord, *via* le Groenland.

Une théorie également avancée au sujet des trajectoires du Bécasseau maubèche et du Traquet motteux, respectivement petit échassier et petit passereau de l'Ancien Monde, ayant aussi étendu leurs aires jusqu'au nord-est du Canada.

Selon Austin, qui se garde toutefois d'être affirmatif, l'espèce serait présente sur toutes les côtes du continent nord-américain – depuis le Maine jusqu'à Vancouver – et de l'Ancien Monde – de l'Atlantique au Pacifique, depuis l'Irlande à l'ouest jusqu'au Kamchatka à l'est.

Autrement dit, toujours selon Austin, l'oiseau, nichant initialement sur les côtes ouest de l'Europe, aurait progressivement colonisé de nou-

veaux territoires, toujours plus vers le nord-ouest
– l'Islande, le Groenland –, jusqu'aux côtes cana-
diennes, et encore plus à l'est. Et il reviendrait
chaque hiver sur son aire d'origine.
Mais l'explication proposée est trop belle pour
être vraie. Trop simple aussi, pour ces oiseaux.

Un an plus tard, presque jour pour jour, une
jeune Sterne, baguée encore en duvet le 23 juillet
1928 au même endroit que la première, est retrouvée sur la côte est de l'Afrique du Sud, à Margate,
le 14 novembre.
L'oiseau a donc parcouru plus de 15 000 kilomètres en quelques mois, et en direction d'un
autre continent. Faisant ainsi perdurer le mystère
autour de son espèce, insaisissable.

La présence des Sternes en Antarctique est
connue depuis la fin du XIXe siècle, grâce notamment aux témoignages des explorateurs.
L'expédition allemande du *Valdivia*, montée par
Carl Chun, grand spécialiste des céphalopodes, part
de Hambourg le 31 juillet 1898 vers les îles Féroé,
l'Afrique occidentale, le cap de Bonne-Espérance,

les îles Kerguelen et l'Antarctique, et enfin les Sey-
chelles, la mer Rouge, la Méditerranée, pour ren-
trer à son port de départ le 28 avril 1899.

Les membres de l'expédition ont réuni leurs
observations et découvertes dans un compte rendu
de vingt-quatre volumes, dont le dernier est publié
en 1940, soit vingt-six ans après la mort de Chun.
C'est dans un de ces tomes que l'oiseau est
mentionné pour la première fois à cet endroit du
globe. L'auteur indique l'avoir « prélevé » – cet
euphémisme signifiait alors « tiré au fusil et
conservé » – en bordure de banquise à 4 000 kilomètres au sud de Madagascar.

Dans un autre volume, à la date du 2 décembre
1898, le carnet de bord fait également mention
d'une Sterne venue se poser, épuisée, sur le vaisseau.

Le navire est alors bien plus à l'ouest, à la verticale du golfe de Guinée, mais à la même latitude
glaciale.

Quelques années plus tard, le 9 mars 1904, en
plein automne austral, l'expédition *Scotia*, qui
effectue son deuxième voyage, manque de se

trouver bloquée par la banquise, avec la perspective de passer le terrible hiver antarctique sur place. Le navire s'extrait miraculeusement le 13 mars, en forçant ses machines à vapeur. Il sera accueilli en juillet de la même année en Écosse.

Plusieurs clichés de cet arrêt forcé restent aujourd'hui célèbres. Comme celui de Gilbert Kerr, embarqué sur le *Scotia* comme assistant de laboratoire, mais dont les talents de joueur de cornemuse sont appréciés pour maintenir le moral de l'équipage.

Sur la photographie, on le voit vêtu d'un kilt sur la banquise, jouant de son instrument à quelques mètres d'un Manchot empereur, haut de près d'un mètre. Une image qui fera le tour du monde.

Au-delà de ces divertissements, les marins observent un phénomène inconnu jusqu'ici : la présence de milliers de Sternes arctiques. Le navire est bloqué à la verticale, plein sud, des îles du Cap-Vert et, surtout, à moins de 100 kilomètres des côtes du continent antarctique.

Les explorateurs croient avoir affaire à une autre espèce de Sterne, dans ces contrées glaciales et reculées.

Il leur faudra attendre 1959 pour avoir la certitude que les oiseaux observés si bas sont bien ceux nichant en Arctique, dans l'hémisphère Nord, soit à l'extrême opposé des zones où les deux équipages les ont rencontrés.

Cette année-là, une Sterne baguée le 22 mai 1958 sur l'île de Saltho, à moins de 3 kilomètres de Copenhague, entre le Danemark et la Suède, est retrouvée huit mois plus tard, le 4 février 1959, en plein été austral, sur un pack de glace à 3 000 kilomètres au sud de Perth, en Australie.

Cette découverte met fin aux doutes. Elle est la preuve que les deux espèces supposées ne font qu'une, et que, en réalité, les individus se déplacent des plus hautes latitudes – dont elles ont hérité leur nom – jusqu'au pourtour du continent antarctique.

Les techniques pour déterminer les trajectoires des espèces ont fait un bond considérable. Le temps de ces carnets, de ces bagues, véritables bouteilles à la mer fixées aux pattes des oiseaux avec l'espoir qu'elles soient retrouvées au bout du monde, est révolu. Depuis une quinzaine d'années, pour tracer les routes des migrateurs, on place des géolocalisateurs suffisamment légers pour être portés par des oiseaux de taille moyenne. Ces systèmes n'utilisent pas la localisation satellitaire. Ils font des calculs simples. La durée du jour, autrement dit les heures de lever et de coucher du soleil, permet d'estimer la latitude. L'heure médiane entre ces deux valeurs, en temps universel, fournit la longitude.

Le problème reste cependant le même : nous dépendons toujours du bon vouloir de l'oiseau pour récolter ces données et les analyser.

À l'ornithologue, professionnel ou amateur, de tâcher de le retrouver.

Les Sternes arctiques sont très fidèles au site de nidification ; autrement dit, elles pondent et font leur nid, une simple dépression presque toujours au même endroit. On retrouve donc en moyenne quatre oiseaux bagués sur cinq. Les données ne sont plus contestables : les Sternes migrent bien chaque année depuis le dôme de l'hémisphère Nord jusqu'à son opposé.

Parmi les exemples les plus frappants, un oiseau parti fin juillet 2015 des îles de Farne, au nord-est de l'Angleterre, est revenu le 4 mai 2016 après avoir parcouru près de 100 000 kilomètres. L'Afrique par l'ouest, le cap de Bonne-Espérance, l'océan Indien, puis les côtes antarctiques d'est en ouest, avant de remonter vers l'Angleterre. Le tout en neuf à dix mois, seulement.

Il existe une grosse trentaine d'espèces de Sternes. Toutes partagent cette silhouette effilée, cette délicatesse de l'arctique. Toutes parcourent les flots, certaines gardant une part de mystère quant à leurs déplacements.

C'est par exemple le cas de la Sterne bridée, dont un individu bagué en juillet 2013 sur l'île de Nakhiloo, sur les côtes iraniennes du Golfe persique, est retrouvé mort en octobre 2014 sur l'île d'Okinawa, au Japon, à la plus grande surprise de tous. Ou encore de l'étrange Sterne inca, presque sédentaire des côtes péruviennes et chiliennes, dont les populations s'évanouissent lors des caprices d'El Niño pour se rassembler sitôt le phénomène passé, sans qu'on sache où cet oiseau se réfugie.

Sterne inca

Lorsqu'on observe une Sterne arctique survoler nonchalamment la mer depuis la côte bretonne, comme je l'ai fait pour la première fois adolescent avec un vieux télescope, on voit un oiseau qui fait annuellement, au-dessus de l'océan, un périple supérieur à deux tours du monde, et ce durant quelques décennies. Un choc pour l'être humain : c'est un tel contraste avec la délicatesse de l'espèce. Cet oiseau si léger dont, à chaque battement d'ailes, on voit le corps s'élever doucement, comme sous l'action d'une pompe.

La Sterne charrie avec elle les images d'une houle océanique, de blocs de glace dérivants, de colères météorologiques comme il peut y en avoir au sud des quarantièmes, de mers d'huile transparentes et de ciels immobiles.

Son vol se déborde lui-même, traînant à sa suite l'histoire des générations l'ayant précédée, d'autres oiseaux dont l'évolution a conduit à celui-là.

Une évolution sans destin ni finalité, au gré des aléas d'un monde tournant sur lui-même et autour d'une étoile, elle-même en rotation autour du centre d'une galaxie qui s'éloigne du centre supposé de l'univers.

La Sterne arctique procure ainsi la même ivresse que les plus belles nuits étoilées, avec ce supplément qu'apportent ses interminables voyages annuels.

J'ai vu ma première Sterne à travers les lentilles d'un télescope acheté à Versailles au début des années 1980, passage Saint-Pierre, chez un opticien. Un Mirador vert kaki multi-angle avec un zoom de grossissement 18 à 45 et un objectif de 60 millimètres, fabriqué au Japon.

Il était en permanence sur son trépied, braqué sur la mangeoire du fond du jardin. À côté de moi pendant les repas en famille, perpendiculaire à la table et visant à travers la porte-fenêtre, comme un inséparable compagnon.

Je l'ai traîné aux quatre coins de l'Europe. À Fréhel, dans les marais du Norfolk, sur les Hautes-Vosges ou dans les collines de l'est de l'Écosse.

Partout, il a été ce fil invisible entre les oiseaux et moi, imprimant leur image sur ma rétine.

2.

L'Avocette élégante relève du même miracle que les Sternes. Équipé de mon vieux télescope, je l'ai rencontrée dans les marais d'eau saumâtre de la côte nord du Norfolk, sur la mer du Nord.

Je suis immédiatement tombé sous le charme de cette espèce étrange qui paraît échappée de quelque défilé de mode. Marchant dans un peu d'eau comme le ferait une personne maniérée ne souhaitant ni mouiller ses ourlets ni abîmer ses souliers. Gracieuse jusqu'à la préciosité.

De longues pattes bleuâtres comme deux baguettes chinoises articulées, un cou étiré, le port de tête délicat de qui va goûter du bout des lèvres un mets rare et peut-être un peu trop chaud.

Et, surtout, un bec noir fin comme un coup de scalpel, artistement recourbé vers le ciel à son extrémité.

Un oiseau très symbolique de la manière dont la langue française féminise certains noms communs, tant il correspond à l'idée qu'on se fait d'une princesse timide, voire affectée et pédante.

Avocette élégante

Je suis alors, jeune adolescent, dans la réserve naturelle de Titchwell, pour effectuer du bénévolat. Celui-ci se limite au ramassage des déchets et à l'enterrement d'un mâle de Phoque gris, de plusieurs centaines de kilos, sur la plage.

Ces funérailles sont un sacré chantier. Je peine, mais suis encouragé par la présence, à 200 mètres, d'une colonie de Sternes naines, des Hirondelles de mer encore plus légères que la Sterne arctique. Et aussi d'une colonie d'Avocettes, dans la partie marécageuse, passé la dune sur laquelle une Hermine jaillit de temps à autre entre les touffes de Chiendent maritime.

Je passe des heures à observer les adultes se nourrir et veiller sur les plus jeunes, en groupes de quelques dizaines d'adultes et de jeunes mêlés. Je les regarde se rassembler, apeurés, fébriles, au passage d'une femelle de Busard des roseaux, ce grand rapace des marécages qui se déplace presque suspendu face au vent, à quelques mètres de la surface de l'eau ou de la vase, prompt à repérer une proie traînarde.

Puis, une fois le danger parti, ils s'éparpillent comme si de rien n'était, comme s'ils n'avaient pas manqué de mourir. Avec élégance et détachement, toujours.

Je ne me lasserai jamais de la grâce des Avocettes. De leurs courts cris de contact qui envahissent tout notre espace sonore. Ces monosyllabes liquides, sons plus brefs et secs, émis en continu. Et ces cris vifs, un peu dissyllabiques, lorsque surgit un prédateur potentiel.

À Titchwell, au milieu des années 1980, la grosse quarantaine d'oiseaux présents sur place emplit de fierté le petit monde de la réserve. L'espèce y niche alors depuis juste un peu plus de dix ans. La Société royale de protection des oiseaux l'a choisie comme emblème.

À très juste titre : elle incarne les enjeux propres aux zones humides et, après une extinction de plus d'un siècle, elle a fait son retour en 1947 dans ce pays pour nicher à Minsmere, dans le Suffolk, à une centaine de kilomètres à vol d'Avocette de Titchwell, la réserve où je me trouve.

Lorsqu'elles se nourrissent, les Avocettes procèdent par à-coups brefs, maintenant la partie recourbée de leur bec parallèle à la vase. Parfois, même dans quelques centimètres d'eau, la tête plongée sous la surface jusqu'aux épaules, par mouvements continus de gauche à droite, presque brusques, plus rarement en nageant – ce que ne laissent pas supposer la longueur de leurs pattes et leurs palmures réduites, n'atteignant pas l'extrémité de leurs doigts bleus onglés de noir.

C'est pour pratiquer cette technique très particulière de pêche – par filtration – que l'extrémité du bec est recourbée vers le haut, à partir des deux tiers.

Les adultes se nourrissent par petits mouvements latéraux nerveux, le cou tendu vers le bas. Une solution pour consommer des ressources partagées avec un autre échassier des marais : le Flamant.

N'ayant pas le bec filant vers l'avant des Avocettes, le Flamant laisse pendre sa grosse tête presque entre ses pattes, à l'envers, la partie recourbée vers le bas de son bec se trouvant alors parallèle à la surface de l'eau.

Il peut ainsi récupérer les petits crustacés que les Avocettes consommeraient, elles, le cou tendu vers l'avant, dans une position quasi opposée.

Lorsque les processus de l'évolution conduisent à faire émerger des techniques similaires – comme entre les oiseaux et les chauves-souris, dont les membres antérieurs sont développés en ailes –, on parle de convergence évolutive. Dans le cas des Flamants et des Avocettes, la même ressource alimentaire est exploitée par filtration, mais leurs techniques de pêche divergent aussi fortement que les courbes de leurs becs respectifs. Pour un succès égal, puisque les diverses espèces de ces deux oiseaux occupent les zones d'eau douce ou saumâtre de tous les milieux tropicaux et tempérés.

L'Avocette élégante, qu'on trouve à Titchwell et ailleurs en Europe de l'Ouest, pousse ses troupes presque jusque dans la vallée du fleuve Amour, au-delà du lac Baïkal, sans toutefois atteindre les côtes du Pacifique. Les populations les plus orientales semblent passer l'hiver sur les rivages de l'Inde et dans les plaines du sud de l'Himalaya, conservant une partie de leur mystère.

Celles du Moyen-Orient migrent vers les rives de la Méditerranée orientale, de la mer Rouge, et vers les côtes d'Afrique de l'Est. Celles de l'ouest de l'Europe, dont celles de Titchwell, vont jusqu'au sud du Sahara pour les plus voyageuses, en passant par la Mauritanie, s'arrêtant éventuellement au banc d'Arguin.

L'Avocette élégante pourrait, à elle seule, raconter l'oiseau. Sa part de mystère, l'histoire de la vie qu'elle traîne avec elle, son lien à l'absolu, sa liberté aussi de pousser son vol au gré du vent.

3.

Plusieurs années après ce séjour à Titchwell, avec Anne, âgés d'une vingtaine d'années, nous partons passer quelques jours au fond de la vallée de la Wormsa, dans les Vosges. Ce n'est pas la première fois. À chacun de ces séjours, nous avons un espoir, sinon un but : apercevoir le Grand Tétras.

Aussi appelée Grand Coq de bruyère, cette espèce semble tout droit venue des dernières glaciations. Elle se trouve encore çà et là dans les massifs montagneux de France : Pyrénées, Jura et Vosges. Une petite population, introduite, persiste également dans les Cévennes, au sud-est du Massif central.

Dans le monde, l'oiseau niche encore au sein de l'arc alpin, à partir de la Suisse, dans les Balkans, ainsi qu'en Écosse. Mais le gros de la population occupe une large zone depuis la péninsule scandinave jusqu'en Sibérie, au-dessus de la Mongolie.

Mâle et femelle sont radicalement différents, comme les deux sexes de l'Éléphant de mer : le mâle est jusqu'à trois fois plus lourd que la femelle. Chez notre oiseau, les femelles sont également plus cryptiques : leur plumage est finement barré de brun, de roux, de noir et de blanc, pour offrir un aspect général en demi-teinte, plus discret. Et même si les deux sexes portent la caroncule, ce sourcil de chair écarlate, érectile à volonté, elle est nettement plus menue chez les femelles.

À l'opposé, les mâles sont massifs, sombres, presque terrifiants. Leurs tarses épais arborent de courtes plumes qui masquent des écailles sur leurs pattes, probablement communes aux théropodes. Les observer, c'est revenir des millénaires en arrière : leur silhouette farouche rappelle celles des animaux disparus. Ces mammouths, rhinocéros laineux, ours des cavernes ou aurochs – ancêtres de tous nos bovins domestiques – que le Grand Tétras fréquentait dans les plaines gelées jusqu'à leur extinction.

On décèle comme une influence de ces géants dans la parade nuptiale des Grands Tétras. Lorsque les mâles se mesurent brutalement sur des arènes bien choisies, en général des clairières, espaces dégagés qui conviennent parfaitement à leurs démonstrations d'amour et au rassemblement des prétendantes.

Ils tendent alors leurs ailes de part et d'autre de leur corps, tout en les maintenant rigides, tétanisées, frottant le sol de leurs extrémités. Ils tiennent leur cou dressé, raide, les plumes du menton, de la gorge et de la nuque hérissées, leur puissant bec ivoire pointant vers le ciel, les caroncules sévères et gonflées.

Et surtout la queue grande ouverte, avec parfois plus de vingt rectrices, comme on appelle les plumes caudales, alors que la plupart des espèces n'en ont pas plus de dix. Elles sont disposées en arc, perpendiculaires au dos, en un large éventail noir de jais parsemé de quelques petites taches blanches.

Grand Tétras

Leur chant aussi est préhistorique. Émanant du fond de la gorge, il consiste en une série de courtes onomatopées bisyllabiques, de hauteurs différentes, claquantes, sonores, comme si de petites baguettes frappaient un didjeridoo de très gros diamètre en accélérant. Le tout s'achevant sur le bruit précipité que ferait un peigne frotté sur le même instrument aborigène.

Parfois même, le chant débute par un son profond mais bref, rappelant le timbre du brame du cerf, pour finalement reprendre la séquence classique.

Dans ces arènes de chœur, où se déroulent ces démonstrations de puissance, souvent aux alentours du mois d'avril, sur des aires parfois encore enneigées, les femelles vaquent, comme indifférentes, sélectionnant le coq avec lequel elles s'accoupleront. Le Grand Tétras est une grosse bête rustique, capable de ne se nourrir que d'aiguilles de résineux pendant les mois d'hiver, supportant un enneigement de plusieurs mois.

L'oiseau présente encore une autre particularité assez unique. Il porte des peignes cornés sur les côtés des doigts antérieurs, élargissant chacun d'eux de plus d'un centimètre et chaussant ainsi le pied de raquettes à neige qui tomberont vers le mois de juin pour repousser avant l'hiver.

Cette année-là, avec Anne, nous n'avons pu apercevoir aucun Grand Tétras. Dans les Hautes-Vosges, les populations, estimées à un millier d'oiseaux en 1960, sont réduites à une centaine de nos jours.

La bête a disparu des rares forêts de plaine où elle se maintenait, au nord de l'Alsace et dans les Ardennes. Même beaucoup plus à l'est, en Russie, la limite sud de sa distribution est remontée de quelques centaines de kilomètres en un siècle.

Les vieilles forêts sont encore là. Les myrtilles, les framboisiers sauvages, les Pins sylvestres aussi. Mais d'autres raisons, vraisemblablement liées au climat, semblent affecter les populations. Celles-ci restent importantes sur la péninsule scandinave, peut-être même plus denses encore de la Finlande à la Sibérie centrale, mais toutes s'érodent en Europe centrale.

Si l'espèce est typique du cortège boréo-alpin, la montagne ne suffit plus à sa présence en Europe de l'Ouest : le Grand Coq de bruyère subsiste dans la chaîne des Pyrénées, mais a disparu des Alpes françaises en 2000 et ne doit sa présence dans le sud du Massif central qu'à une réintroduction dans le Parc national des Cévennes. La bête est éteinte partout ailleurs depuis la fin du XVIIIe siècle.

Il aura fallu nous rendre en Écosse quelques années plus tard, à la sortie de l'été, pour rencontrer cet oiseau d'un autre temps. Au sommet d'une colline couverte de bruyères et de fougères déjà rousses, début septembre, nous avons aperçu un mâle et trouvé l'une de ses larges plumes, comme indice de présence.

Dans cette région, le dernier Grand Tétras a été tué en 1785. En 1837 et au cours des années suivantes, plusieurs dizaines d'individus capturés en Suède y ont été réintroduits. En un peu plus d'un siècle, la population a prospéré, pour atteindre 20 000 oiseaux dans les années 1960.

Puis tout s'est dégradé très vite, au point que, en 2000, le Grand Tétras a été cité comme la prochaine espèce d'oiseau à s'éteindre au Royaume-Uni, pour la seconde fois sur ce territoire. Ce n'est pas encore le cas, mais les populations ont été divisées par vingt.

Ce jour-là, en Écosse, nous n'avons pas tenté de nous approcher de ce mâle : nous avions le sentiment d'apercevoir un survivant.

Nous sommes redescendus muets, émus par la découverte de cette plume. Comme un don, un témoignage transmis, venu de quelques dizaines de milliers d'années en arrière.

4.

Le film *Jurassic Park* (1993) commence par un prologue anxiogène. En extérieur nuit, on assiste au transfert d'une bête depuis un gigantesque conteneur vers un enclos. On ne voit rien, mais les couinements grinçants, les coups contre les parois, ajoutés à la peur sur les visages des acteurs, sont oppressants.

Soudain, un choc. Le conteneur recule, une ouverture se produit et un second rôle se trouve happé par cette créature dont on ne voit rien, mais dont toute la puissance est projetée sur le spectateur.

Deuxième scène, de jour sur un chantier de fouille. Les vertueux chercheurs manquent de moyens et le

professeur Alan Grant, misanthrope, est aussi irré-
médiablement brouillé avec les enfants qu'avec la
technologie. Il défend la théorie qui fait des oiseaux les descendants directs des dinosaures, ainsi que celle,
censée être plus osée, selon laquelle les dinosaures
chassaient activement en bande, chacun tenant
son rôle : l'un détournait l'attention de la proie
tandis que l'autre la prenait à revers.
Steven Spielberg pose en deux scènes tout
le contexte dramatique. La rencontre entre les
hommes et les dinosaures est annoncée terrifiante,
cataclysmique.

Le reste du film ne fait qu'amplifier l'angoisse initiale. Sur une île au large du Costa Rica, des savants
fous, sans posséder ni le savoir ni la conscience du
professeur Grant, ressuscitent des dinosaures.
Un soir de tempête, par suite de la cupidité
d'un informaticien, les enclos sont ouverts et les
monstres libérés. Une heure de suspense et de
chaos. Jusqu'à ce que le Tyrannosaure, simple et
prédictible, sauve les quelques survivants, dont le
professeur et deux enfants, des rusés Vélociraptors.

Tous peuvent être évacués en paix.

Dans la scène finale, le professeur Alan Grant, depuis l'hélicoptère qui l'extrait de cet enfer, regarde intensément un vol de cinq Pélicans bruns. Le message déjà rabâché est confirmé : ce ne sont ni les crocodiliens ni les varans qui témoigneraient d'un lointain passé, rendu fantastique par la démesure des reptiles géants qui dominaient alors la planète, mais bien les oiseaux.

Le volatile choisi pour étayer le propos est idéal : à l'écran, les bêtes volent au ras des flots, leurs longues rémiges – les plumes des ailes – souples et noires se courbant aux extrémités des ailes.

Le gigantisme de leurs becs, le repli de leurs cous et la sérénité apparente qui émane du ralenti leur confèrent un aspect reptilien de vieux sages, conscients de leur fabuleux héritage.

L'hélicoptère s'éloigne ensuite au-dessus de l'océan dans un coucher de soleil flamboyant. Le paléontologue épuisé laisse tomber sa tête contre le siège, un des deux enfants dans les bras.

Une très efficace leçon de cinéma pour tous, comme on dit, doublée d'une autre de biologie.

Les oiseaux sont bien les seuls descendants encore vivants des dinosaures. Les témoins d'un temps révolu.

Un peu plus de dix ans avant le xxe siècle, Harry G. Seeley, professeur de géologie à Londres, propose de classer les dinosaures selon la forme de leur bassin. Chez les uns, les ornithischiens, cet os ressemble à celui d'un oiseau, tandis que chez les autres, les saurischiens, il est semblable à celui d'un reptile. Aucun animal ne subsiste aujourd'hui de la première catégorie. Tous se sont éteints il y a 65 millions d'années.

Les saurischiens, extrêmement diversifiés, comptent parmi eux les icônes des dinosaures : les diplodocus, brontosaures et autres géants placides, dans le sous-ordre des sauropodomorphes ; et les tyrannosaures, allosaures et autres vélociraptors, réunis chez les théropodes.

Au contraire des ornithischiens, ces derniers n'ont pas tous disparu.

Les oiseaux ont survécu.

En 1864, c'est Thomas H. Huxley qui émet cette hypothèse, faisant descendre des dinosaures tout ce groupe d'espèces. Abandonnée par la suite, voire rejetée comme saugrenue, cette théorie est remise en avant un siècle plus tard par John Ostrom. À ses dépens d'abord, puis avec la reconnaissance de toute la communauté des paléontologues.

Après la découverte d'un prédateur dont les os et les attaches musculaires lui permettent de conclure qu'il s'agissait d'un chasseur rapide à la course – un velociraptor, littéralement –, Ostrom avance que les dinosaures avaient un métabolisme comparable à celui des mammifères ou des oiseaux, c'est-à-dire la capacité de maintenir constante leur température corporelle.

Tollé chez les mandarins ; résistance et pugnacité chez Ostrom.

Moins de dix ans plus tard, il réexamine un fossile et démontre qu'il s'agit d'un oiseau. La révolution est en marche, mais elle se fera sans lui – ou presque.

En 1996, quand sera découvert le premier fossile de théropode dont les plumes sont imprimées dans la roche, Ostrom, âgé de près de soixante-dix ans, déclarera avoir senti ses jambes vaciller. Il décédera sept ans avant la découverte en 2012 d'un théropode de 125 millions d'années et de neuf mètres de long, dont l'empreinte pétrifiée attestera sans le moindre doute qu'il est complètement couvert d'un plumage comparable à celui d'un Émeu.

Des plumes, donc. Comme un lien entre ce passé et le présent, accessible à tous lorsque nous suivons du regard un oiseau en vol ou écoutons son chant.

5.

Un des aspects les plus délicats de la capture des oiseaux, c'est sans doute de manipuler cet animal en apparence fragile, pour l'étudier ou lui poser une bague. Les Mésanges bleues, par exemple, apeurées, se transforment en véritables petits monstres se débattant rageusement et se défendant à coups de bec.

Mésange bleue

Pour observer au mieux son ventre, l'oiseau doit être tenu le dos sur la paume de la main, la tête passée entre l'index et le majeur, le cou à peine enserré par deux doigts, les pattes maintenues vers l'arrière par l'annulaire et le pouce. Alors seulement se dévoilent la cage thoracique et l'abdomen.

Un des enjeux de cette opération demeure l'examen des réserves adipeuses. Pour cela, il convient de souffler délicatement à rebours du plumage du ventre.

De très fines plumes jaune pâle, plutôt lâches, le couvrent, séparées d'un trait plus sombre bordé de blanc. Elles contrastent avec les plumes de vol, sur les ailes et la queue, qui vont jusqu'au bleu vif ; le dos étant, lui, d'un vert assez terne.

C'est la tête de la Mésange bleue qui fait vraiment son originalité : un col bleu profond, remontant en pointe sous le bec pour repartir en bandeaux, une calotte d'un même ton mais moins soutenu, des joues immaculées et un front également blanc, étendu de part et d'autre du crâne.

L'effet d'un léger souffle est magique pour qui peut l'observer : les plumes s'écartent immédiatement. Chez les jeunes oiseaux, elles livrent alors une zone quasi nue, bordées par les ptérylies, lignes de peau le long desquelles croissent les plumes à proprement parler. En grandissant, cette zone nue se couvrira de plumes semblables à un duvet ras. En attendant, elle offre à la vue la structure complexe du plumage. Sur l'abdomen, les plumes sont organisées, tuilées, disposées avec minutie. Chacune est composée d'une partie centrale, d'abord nue, attachée dans la chair par un muscle. De part et d'autre partent les vexilles, formant comme des étendards.

Les vexilles sont constitués de barbes, lamelles croissant obliquement sur le rachis, parallèles les unes aux autres. Ces barbes portent ensuite des barbules, et ces barbules de petits crochets, les hamuli, permettant aux barbes d'être solidaires les unes des autres.

C'est un tissage fascinant, une mécanique orchestrée pour la régulation thermique et le vol. Un véritable fantasme d'industriel : la structure est si rigide – tout en étant très souple et très légère – qu'on peut l'ébouriffer et la restaurer à l'identique d'un simple effleurement des doigts.

Aujourd'hui encore, le mystère des plumes demeure. Quand cette structure si complexe est-elle apparue ? Avec l'évolution de certains dinosaures vers le vol ? Pour garder une température constante ?

En 2016, Lida Xing, jeune paléontologue récemment promu docteur, examine des centaines de morceaux d'ambre – résine fossilisée – sur un des deux marchés de Myitkyina, au nord-est de la Birmanie. Surpris, il tombe sur un morceau contenant comme une petite queue velue, assez semblable à celle d'un Muscardin, petit rat d'or des haies et buissons épineux d'Europe continentale, péninsule Ibérique exceptée. Mais les vertèbres, observées aux rayons X, se révèlent appartenir à un théropode – un dinosaure.

La queue est couverte de plumes qui peuvent tout à fait passer pour un léger duvet. Sauf que ces plumes ne sont pas structurées comme elles le seraient sur le ventre d'une Mésange. Elles ressemblent plutôt aux plumes ornementales de certains oiseaux, filiformes, molles, comme un pelage lâche. Leur structure fine, vue sous la loupe, est déjà très organisée et similaire à celle qu'on trouve encore de nos jours : un rachis très souple, bordé de minces barbes libres mais parallèles les unes aux autres.

Le scoop bouleverse les hypothèses : on pensait jusqu'alors que les plumes étaient apparues, au cours de l'évolution des espèces, avec le vol : elles auraient été rendues nécessaires pour augmenter la surface portante sans sacrifier la rigidité.

Chez les dinosaures, elles semblent avant tout avoir une fonction de régulation thermique, voire d'ornementation et d'apparat. Rien à voir avec les oiseaux que l'on connaît, qui portent sur leurs membres antérieurs et leur appendice caudal cette structure rigide et légère, renouvelée régulièrement et dont les performances font rêver les

navigateurs, surclassant de loin les mâts en car-
bone et les voiles semi-rigides en kevlar.

Cette merveille permettant le vol, l'isolation
thermique, l'étanchéité et la capacité de retenir un
volume d'air statique est certainement à l'origine de
cette ambivalence constatée chez les oiseaux : une
formidable diversité et une forme d'homogénéité.

Lorsque *Jurassic Park* sort sur les écrans, j'orga-
nise diverses animations et sorties dans la nature
pour le grand public. J'entraîne jeunes et adultes
dans la forêt, je leur montre des oiseaux et leur
raconte des histoires, des anecdotes susceptibles
d'éveiller leur curiosité. Au fil du récit, je tente de
faire des oiseaux des êtres aussi fascinants que le
T. rex du film.

Il suffit aux enfants de quelques échanges pour
qu'ils lèvent les yeux et prennent la mesure de
la magie de l'animal. Ils n'entendent plus simplement le chant. Ils ne perçoivent plus seulement la couleur des plumes ou la forme du bec.
Ils regardent les oiseaux comme les monstres de
puissance qu'ils sont.

L'efficacité de leur système respiratoire, hérité des théropodes, ridiculise celui des mammifères. Les poumons d'un Rouge-gorge sont probablement très semblables à ceux d'un Vélociraptor. Capables d'extraire avec un rendement maximal, et surtout en continu, le dioxygène de l'atmosphère pour le transférer à l'hémoglobine. Comme chez les théropodes, leurs côtes sont munies d'excroissances. Comme chez les ptérosaures aussi, rigidifiant la cage thoracique pour que, chez eux, les puissants muscles attachés au sternum puissent supporter les battements d'ailes tout en permettant de faire circuler l'air à travers des poumons rigides, sous l'action des sacs aériens.

De ce que l'on sait, aucun autre être vivant ne présente un tel rendement dans l'extraction de l'oxygène de l'air. Même comparée aux plus petits oiseaux – tels le Pouillot véloce ou le Troglodyte mignon, deux espèces communes un peu partout en Europe, peinant pourtant chacun à dépasser les dix grammes –, une Orque capable de nager à trente-cinq nœuds semble mal équipée.

Pour preuve encore, citons une autre espèce :
le Martinet alpin. Sa taille – il ne dépasse pas les
vingt-cinq centimètres – ne dit rien de ses formi-
dables capacités. Ses pattes, dont les quatre doigts
parallèles semblent sortir directement de l'abdomen, paraissent réduites à néant.

En revanche, ses ailes sont démesurées ; on
dirait deux lames de faux partant des épaules.
Seuls quelques centimètres d'os soutiennent cette
vingtaine de plumes effilées permettant le vol.

Pas même cent grammes d'oiseau pour plus
d'un demi-mètre d'envergure. Ce qui lui vaut
d'énormes difficultés pour décoller, mais lui
assure un merveilleux privilège : le Martinet dort
en vol, en lévitation, à plusieurs centaines de
mètres du sol.

La branche des oiseaux compte plus de 10 000
rameaux. Mais, si chacune de ses espèces a ses
particularités, elles sont aussi extrêmement homo-
gènes.

Toutes partagent ces poumons et ces plumes,
héritage des dinosaures. Mais elles ont aussi en

commun une queue à un bout, faite strictement de plumes, et un bec à l'autre, étui corné recouvrant les mâchoires osseuses, dépourvues de dents depuis bien longtemps. Leurs membres antérieurs, aux doigts soudés, portent les plumes du vol, dissymétriques et rigides. Leurs membres postérieurs n'ont jamais plus de quatre doigts, couverts d'écailles – legs de terribles ancêtres.

Par-dessus tout, tous les oiseaux partagent la même aptitude au vol. Même si certaines familles l'ont perdue, elle a imprimé son diktat sur la morphologie. Ainsi, un homme reconnaît immédiatement l'appartenance au groupe des oiseaux, quelle que soit l'espèce qu'on lui présente.

On n'observe pas une telle compacité de groupe chez les mammifères, par exemple, que pour l'essentiel seule la lactation réunit. Pas de parenté à première vue entre un Marsouin, une Pipistrelle, un Pangolin et un Cerf.

Pour un enfant, deux oiseaux, si éloignés qu'ils puissent être, ont une parenté évidente. Le Cygne tuberculé cher à Tchaïkovski – énorme bête volante, cou serpentiforme, jusqu'à quinze kilos et deux mètres et demi d'envergure – comme le Kiwi austral, boule de plumes formant une fourrure brune, masse assez informe, sans aucune trace de membres ni de queue, avec une surprise au bout de ses moignons d'ailes : une petite griffe brune, comme un crochet de pirate.

6.

En avril 2004, avec quelques centaines d'autres ornithologues, je fréquente le campus de l'université d'Édimbourg, en Écosse, pour un colloque d'une semaine sur la conservation des oiseaux d'eau migrateurs d'Afrique-Eurasie. C'est le début du printemps, là-haut. Les résidences universitaires qui nous sont alors ouvertes sont en grande partie vidées de leurs étudiants. Mais j'ai l'immense joie d'y rencontrer une autre population.

Dans les jardins de l'établissement, les pelouses sont entrecoupées de chemins en dur, le long desquels se dressent de grands arbres encore nus. Dans leurs frondaisons, de masses noires faites de branchettes : des nids de Corbeaux freux.

Cet oiseau synthétise à lui seul nos peurs face à la nature. Il niche en bruyantes colonies. Son croassement est celui qu'un ingénieur du son choisirait pour provoquer chez les auditeurs terreur et désolation.

Il est noir, évidemment, avec des reflets violets, mais il ajoute à son plumage peu gai un masque clair de peau nue, grisâtre, depuis la base du bec jusqu'au front au-dessus et au menton au-dessous.

Corbeau freux

En Europe, le Corbeau freux – qui doit son doux nom à la contraction d'« affreux » – a en outre la vilaine habitude de consommer essentiellement des graines, notamment celles qui sont semées, et de le faire en grandes bandes, ce qui ne le rend guère populaire auprès des agriculteurs.

Chaque année, quelques dizaines de milliers d'entre eux sont abattus çà et là, afin de protéger les cultures ou de préserver la tranquillité des personnes habitant près de « corbeautières », ces vastes colonies d'oiseaux.

Le tir dans les nids est désormais interdit presque partout, entre autres parce que ces derniers peuvent parfois être occupés par des espèces protégées.

Dans certains pays d'Europe, et notamment en France, les adultes sont donc tirés en vol près de leur groupe, qu'ils ne fuient jamais puisqu'ils tentent de protéger leurs jeunes.

En Écosse et dans le reste du Royaume-Uni, les Corbeaux, Corneilles et Choucas sont protégés par la loi. Une autorisation de destruction peut être émise dans certaines circonstances très particulières, mais on lui préfère la protection des cultures ou l'effarouchement.

Ces oiseaux dits de malheur dans l'Hexagone sont appréciés là-bas pour leur intelligence.

Conséquence : le Royaume-Uni compte de deux à trois fois plus de Corbeaux freux que la France, alors que les surfaces occupées par cette espèce dans les deux pays sont équivalentes.

À Édimbourg, je passe des heures à les observer en train de chasser petits vers et autres mets. Je les approche à quelques mètres. Ils n'ont pas peur, aucun ne s'envole.

Ils s'offrent presque à nous, quand en France ils nous fuient à moins de cent mètres.

L'histoire des animaux, de leur évolution, subit l'influence contraignante de l'homme. Chez les mammifères notamment, au contact de l'homme, certaines espèces changent de rythme, devenant nocturnes pour minimiser les interactions avec nous. D'autres, comme le loup ou l'ours, sont cantonnées en Occident aux contrées les plus sauvages, les plus désertes et les plus escarpées, pour échapper à leur vieil ennemi qu'est l'homme, alors que ce sont à l'origine des animaux diurnes de plaine.

Mais rien de tout cela chez les oiseaux. Ils ont été abattus, traqués ; ils le sont encore, comme ces Corbeaux freux ; et pourtant ils restent parmi nous. Leurs ailes leur permettent de nous fuir d'un battement, il leur suffit de demeurer aux aguets.

On est ainsi parfois surpris d'apercevoir, à dix ou vingt mètres de nous, déambuler sans crainte un Héron cendré sur les berges d'un étang ou une Aigrette garzette dans le goémon.

Quand la loutre d'Europe ou le putois préfèrent consommer les mêmes proies, mais de nuit, hors de notre vue, dans nos contrées, alors qu'ils le font de jour dans les zones non habitées par l'homme.

Les oiseaux, c'est le vivant à portée de jumelles. On peut organiser une sortie pour les observer avec des enfants, même bruyants.

Aucun autre animal ne permet cela. On n'imagine pas une excursion amphibiens, reptiles ou mammifères, sans capture au filet, dans de telles conditions.

Chacun peut donc prendre le temps d'observer un oiseau. D'écouter son chant, de distinguer son bec, ses plumes, ses pattes.

Nous l'avons tous fait. Courir après les Pigeons dans un parc, contempler une Mésange charbonnière de l'autre côté du carreau, sur la mangeoire, ou scruter les allers-retours des adultes d'Hirondelle de fenêtre venant nourrir les jeunes.

Un lien avec une altérité oubliée, qui se plaît à se laisser observer.

7.

À la toute fin du millénaire, âgés d'une trentaine d'années, Anne et moi partons pour l'île d'Ouessant, aux derniers jours du mois d'août, dans une auberge de jeunesse, avec nos deux enfants Aïda et Tanguy, encore tout jeunes.

Cette période y est propice à l'observation des oiseaux : la migration postnuptiale renvoie en Afrique les parents et les jeunes qui viennent de se reproduire plus au nord.

Des centaines de millions d'oiseaux descendent alors vers les tropiques. La plupart rechignent à survoler les étendues marines. À l'ouest, Gibraltar comme goulet. Au centre, les îles de Méditerranée, la péninsule italienne, Malte, le cap Bon en Tunisie, comme guet permettant une progression par bonds. À l'est, le Bosphore et les Dardanelles comme passe entre la Méditerranée et la mer Noire.

La configuration du continent européen fait buter sur la façade atlantique les oiseaux en provenance de la péninsule scandinave, ou encore d'Europe de l'Est, voire de Grande Russie et de Sibérie. En France, les oiseaux des îles Britanniques s'ajoutent à ces nuées venues du nord et de l'est. Cette grande poussée vers le sud et vers l'ouest fait d'Ouessant le dernier havre pour ces migrateurs.

Parmi les espèces que nous observons : le Traquet motteux, sur les côtes rocheuses pelées et les pelouses rases. Le mâle a les yeux bandés de noir, la femelle est plus discrète. Tous deux ont la poitrine légèrement orangée ; le dos gris cendré pour lui, brun chaud pour elle, chacun avec le croupion blanc immaculé.

Chaque automne, les populations du Groenland rejoignent celles de la péninsule scandinave et des îles Britanniques jusqu'en Europe de l'Ouest pour atteindre l'Afrique subsaharienne.

Ils y retrouvent des oiseaux de leur espèce venant de Sibérie orientale, par ces mêmes routes, pour de probables échanges entre cousins.

Un autre oiseau d'Ouessant : le Bécasseau maubèche. Un petit échassier des rivages, anodin de plumage en hiver, roux depuis le front jusqu'aux pattes en plumage nuptial. Un oiseau présent sur toute la planète, mais en populations se distinguant par leurs routes migratoires.

Celle du Nouveau Monde suit chaque année un axe nord-sud presque parfait. Depuis l'est du Canada jusqu'aux côtes du Brésil et de l'Argentine, voire à la Terre de Feu. De l'ouest du Canada vers la Floride, le golfe de Californie et les côtes pacifiques de l'Amérique du Sud.

Celle de l'Ancien Monde se déplace selon une trajectoire plus courbe qui la mène de la Sibérie orientale vers l'Australie et la Nouvelle-Zélande.

En Europe de l'Ouest se mêlent donc deux fronts de migrateurs. L'un par l'est, depuis la péninsule de Taïmyr, en Sibérie, à 2 000 kilomètres au nord de la Mongolie ; l'autre par l'ouest, depuis le nord du Groenland et Ellesmere. Les deux rejoignent les côtes de Mauritanie, en passant par celles de l'Europe.

Dans notre auberge de jeunesse, nous cohabitons avec deux adolescents, Jules et Max, venus spécialement pour ce spectacle. Toute la journée, ils parcourent les buissons, landes et ravins humides enfichés de saules à la recherche d'égarés.

Ils ont pris un risque, cet année-là, à venir si tôt. La migration est bien commencée depuis un mois, selon les espèces, mais la période des raretés – ces oiseaux épuisés venant, depuis les confins de l'hémisphère Nord, s'échouer après plusieurs milliers de kilomètres – s'étend plutôt d'octobre à mi-novembre.

À force de les croiser ainsi dans cette auberge, de les voir se nourrir exclusivement de vilaines crêpes industrielles et de pâte à tartiner, nous finissons par les adopter. Nous leur proposons des plats chauds et tâchons d'introduire fruits et crudités dans leur junk-food d'épicerie. Nous discutons jusque tard des espèces rencontrées, des raretés potentielles, de migration et de baguage. Le soir, après le coucher des petits, nous marchons jusqu'au phare pour voir les migrateurs tourner dans les pinceaux du faisceau.

Les deux inséparables seront récompensés de leurs efforts. D'abord par la découverte et l'observation d'une rare petite Fauvette des marais biélorusses, le Phragmite aquatique, dont on craint l'extinction prochaine, tant les effectifs sont ténus.

Puis par celle d'un jeune Faucon Kobez, dont les populations nicheuses les plus proches sont en Europe de l'Est et les plus distantes par-delà la Mongolie, mais dont toutes rejoignent le Botswana, la Namibie et l'Afrique du Sud pour y former des bandes de plus de mille individus chassant les insectes.

Tout cela s'est passé il y a vingt ans. Mais Jules et Max n'ont jamais cessé ces activités et leur passion n'a pas davantage faibli : ils traînent le buisson, ils comptent, ils scrutent, ils capturent et baguent. Ils ont fait de cette fascination leur métier.

Max a écrit une somme sur la migration des oiseaux. Jules s'est rendu indispensable auprès de structures de recherche et de suivi des populations d'oiseaux par sa rigueur, son incroyable pouvoir de détection et la solidité de ses comptes rendus et rapports.

Nous ne nous sommes jamais perdus de vue. Ils sont maintenant comme des membres de la famille, pour Anne et moi comme pour les enfants. Ensemble, nous échangeons à propos des espèces.

Mais nous partageons bien plus que cela encore : observer les oiseaux nous fait voyager, nous procure la sensation de nous insérer dans leur groupe, presque de voler à leurs côtés au long de leurs migrations, de nous fondre dans cette cohorte d'êtres vivants si sauvages et pourtant si accessibles.

8.

Il y a un jeu auquel s'adonnent les ornithologues. Malgré eux, la plupart du temps. Il s'agit
de repérer des chants d'oiseaux dans les films, les
émissions et les séries. Certains s'y consacrent avec passion, dressent
des listes des espèces repérées, cherchent dans
des productions d'outre-Atlantique ou d'Asie les
cris entendus seulement en Europe de l'Ouest,
traquent les incohérences de saison ou de lieu.

Dans l' hypnotique scène introductive du *Silence
des agneaux*, par exemple, l'agent Clarice Starling
– littéralement « Clarisse Étourneau » – s'entraîne
dans une forêt tempérée, assez similaire à celles
qu'on trouve en Europe occidentale.

L'actrice court dans les feuilles mortes ; c'est apparemment la fin de l'automne. Brouillard froid et humide.

L'ingénieur du son s'est laissé aller. À la musique angoissante de Howard Shore – des pulsations grondées en legato par les cordes de l'orchestre de Munich, sur lesquelles déambulent de courtes phrases de hautbois et de bassons –, il a surimposé un concert factice de sons de la nature.

D'abord plus fort que la musique, il finit peu à peu par en être couvert. Des grillons, peu probables à ce moment de l'année et à cet endroit, divers oiseaux chanteurs, sans doute nord-américains, et surtout deux longs cris rauques de Buse à queue rousse.

Ce rapace des westerns, des grands espaces, est omniprésent au cinéma, notamment lorsqu'il s'agit d'inspirer la tension. Sa longue plainte, plus suggestive que celles d'autres aigles moins tragiques dans leurs vocalises, saisit l'auditeur, crée un climat d'angoisse.

Cette scène, parmi tant d'autres choses, raconte comment les cris et les chants des oiseaux ont imprégné notre quotidien, jusqu'à modifier tout notre imaginaire. Au fond, ils parlent de nous. D'où nous sommes, du moment du jour ou de la nuit où nous nous trouvons, mais aussi du danger qui survient.

Dans *Moby Dick*, monstrueuse parabole de l'homme contre la nature, ou peut-être même de l'homme contre lui-même, tandis que le Léviathan monte des abysses pour venir saisir la baleinière d'Achab dans sa mâchoire tordue, de petits oiseaux volettent et poussent des cris autour de l'esquif.

Après trois jours de chasse, le cachalot a brisé le navire maître, le *Pequod*, et l'entraîne par le fond dans un vortex, et toujours « de petits oiseaux volaient en criant au-dessus du gouffre encore béant ».

Les oiseaux occupent sans retenue l'espace sonore. On les repère à l'ouïe et on mobilise dans un second temps notre sens favori d'Homo sapiens : la vue. Cette utilisation presque continue de l'audible, toutes espèces d'oiseaux confondues,

74 • CE QUE LES OISEAUX ONT À NOUS DIRE

en période migratoire, sur les sites d'hivernage, sur les lieux de nidification, lors de longues séries de chants, par cris de contact, sociaux ou d'alarme, crée un fil ténu entre eux et nous. Sans même que nous cherchions à les voir, ils imprègnent nos existences, en ville comme à la campagne.

Dans *Un prophète*, de Jacques Audiard, Malik El Djebena, interprété par Tahar Rahim, vit l'horreur. L'enfermement, la promiscuité, l'extrême violence, l'angoisse, la tension, l'absence d'échappatoire dans une maison centrale glauque et décatie. Puis a lieu une première sortie de permission, de sept heures à dix-neuf heures, après quelques années de prison, toujours sous la terrible emprise de César Luciani, parrain corse contrôlant jusqu'à certains matons de la prison.

Ouverture de la porte de la centrale après trois ultimes procédures administratives. Il est très tôt, le soleil est rasant ; nous sommes début mai peut-être, un peu avant sept heures.

Un seul chant d'oiseau est audible : celui du Merle noir, sans doute le plus beau chant du monde, qui convient parfaitement à la situation. Les échos se font dans les oreilles du spectateur. Lui aussi l'a déjà entendu.

Le chant du Merle est celui qu'on a la chance d'entendre la nuit au cœur de Paris, au petit matin embrumé n'importe où en France, depuis les landes côtières jusqu'à plus de 2 000 mètres, pendant les longues soirées de juin à la campagne comme dans les résidences pavillonnaires, poussé depuis une antenne, une clôture, des tuiles faîtières, le sommet d'un buisson ou d'un arbre bas, parfois depuis la cime d'un résineux à plus de vingt mètres.

C'est celui que nous écoutions, Anne et moi, adolescents, au milieu des années 1980, depuis son lit d'une seule place où nous dormions.

Ce chant, c'était la promesse de l'éternité. Une poignée de notes flûtées, roulées, *decrescendo*, suivies de quelques couinements grinçants et précipités, moins audibles, et parfois d'une courte note finale accentuée.

Ce qui rend la musique du Merle si belle, ce sont les pauses entre chacune de ces phrases *decrescendo*. Comme si cet oiseau noir, ventru, à l'œil écarquillé, cerclé de jaune, et au bec de même couleur, prenait le temps de guetter l'effet de sa mélodie dans l'atmosphère, son écho. Le rythme général, les silences, le fait que l'ensemble puisse alterner pendant plus d'une heure, tout cela participe d'une atmosphère d'éternité. C'est le chant de la fin des temps, des aubes, des crépuscules et des nuits urbaines. Il rythme nos journées, nos années. Et, au fond, ce qui contribue à son sublime, ce sont les instants où nos oreilles le perçoivent.

Il semble que le chant du Merle noir n'ait pas toujours été si audible au voisinage des hommes. Thomas Bewick, graveur et ornithologue anglais, fils de charbonnier, publie en 1797 et 1804 deux volumes qui totalisent plus de neuf cents pages passant en revue les oiseaux britanniques.

À propos du Merle noir, il écrit dans son premier volume que, s'il se laisse facilement attraper à la glu, au collet et à toute autre forme de piège, le Merle noir est solitaire et vit exclusivement dans les forêts et les bosquets, privilégiant les conifères et la proximité d'une source ou d'un ruisseau.

À lire une telle description, on jurerait que Thomas Bewick écrit à propos du Merle à plastron, espèce relictuelle des périodes glaciaires, avec une sous-population en montagne et une autre en Scandinavie et en Grande-Bretagne, ainsi qu'une poignée de couples nicheurs découverts au tout début des années 1970 dans les monts d'Arrée, au cœur de la Haute-Bretagne – et mentionnés dans l'*Histoire et géographie des oiseaux nicheurs de Bretagne* d'Yvon Guermeur et Jean-Yves Monnat (1980).

Cette dernière petite population a vraisemblablement disparu aujourd'hui. Sans toutefois être définitivement absente de l'*Atlas des oiseaux de France métropolitaine* coordonné par Nidal Issa et Yves Muller (2015), l'espèce est mentionnée comme « très irrégulière, voire disparue ».

Toujours dans ce premier volume, Thomas Bewick note que, outre une affinité montagneuse marquée pour le Merle à plastron, les deux espèces partagent les mêmes milieux. Et les mêmes capacités vocales. Il signale en effet qu'on peut enseigner des mélodies à de jeunes mâles, mais qu'on doit garder ceux-ci séparés de leurs congénères, sous peine de les voir harcelés jusqu'à l'épuisement.

Il faut attendre la seconde moitié du XIXe siècle pour que le Merle noir sorte du bois et colonise les jardins, puis les villes des îles Britanniques. William Ernest Henley, mort en 1903, célèbre son chant dans son poème « Blackbird ». « *We two have listened till he hang / Our hearts and lips together.* » Il raconte l'écouter avec son aimée jusqu'à ce que leurs cœurs et leurs lèvres soient unis.

Sur l'autre rive de la mer d'Irlande, le chant de cet oiseau inspire des mélodies populaires, des romances, des airs tristes. *If I was a Black Bird*, un hymne emblématique de l'exode irlandais vers

l'Amérique, est mentionné aussi par Shane Mac-Gowan dans le morceau *Thousands are sailing.*
La mélodie du Merle y raconte l'abandon de la servante par le marin amoureux, le refus des parents de celui-ci que leur fils s'unisse par le mariage à un si piètre parti. L'espoir de cette malheureuse s'exprime dans le refrain :
« Si j'étais un Merle noir, je sifflerais et chanterais. Et je suivrais le vaisseau qui emporte mon amour. Sur le plus haut des gréements, je construirais mon nid. Et j'étalerais mes ailes sur sa poitrine blanche comme le lys. »

De nos jours, le Merle noir fait partie des oiseaux les plus abondants et les plus communs d'Europe de l'Ouest. Déjà nicheur en 1870 dans Paris, il sort des forêts partout en Europe du Nord et de l'Est au cours des cinquante années qui suivent. Encore aujourd'hui, ce phénomène ne s'explique pas.

Comment cette espèce farouche a-t-elle pu s'implanter dans les milieux les plus urbains, pour peu qu'un arbre ou un buisson subsiste ? Comment y a-t-elle atteint des densités encore plus élevées

– jusqu'à dix fois pour le nombre de couples – qu'à la campagne ?

Seuls le pourtour méditerranéen, les plaines agricoles les plus intensives et les hautes altitudes échappent à cette colonisation, vieille de cent ans.

Les effectifs de Merles noirs sont estimés entre 100 et 200 millions d'individus pour la population totale, cantonnée de l'Europe de l'Ouest à l'Oural longitudinalement. Au nord, elle n'atteint pas les côtes de la mer Blanche ; au sud, limitée par le Sahara au Maroc, en Algérie et en Tunisie, elle est réduite au reste des rives méridionales de la Méditerranée ; plus à l'est, elle s'étend de la Turquie à l'Iran, à quoi s'ajoute une population isolée qui borde le Kazakhstan par le sud, depuis Samarcande jusqu'à l'Altaï.

Depuis une quinzaine d'années, les populations de Merles noirs se voient rabotées çà et là en Europe de l'Ouest, au gré des épidémies du virus Usutu, transmis par les moustiques – ces épidémies sont donc saisonnières. Si certaines espèces ne sont pas porteuses et véhiculent le pathogène sans sembler en souffrir, beaucoup, dont le Merle, en sont affectées jusqu'à la mort. On retrouve les oiseaux somnolents, à terre, les yeux mi-clos et le bec posé au sol.

Pourtant, leur nombre ne baisse pas aussi vite qu'on le croirait. Des dizaines, voire des centaines de merles sont trouvés morts dans un endroit et, quelques années plus tard, loin de cet épisode, les populations des premiers jours semblent s'être reconstituées.

Les Merles offrent alors, aux oreilles qui savent l'écouter, leur chant sublime de l'au-delà.

Merle noir

9.

D'autres oiseaux portent ces notes particulières, presque mélancoliques. Notamment le Plongeon imbrin, depuis les côtes d'Islande ou du Groenland et la moitié nord du Néarctique. L'oreille novice qui entend pour la première fois ses lamentations tragiques pourrait penser que l'oiseau vient d'ailleurs, d'une forêt tropicale, bien loin du Nord.

Le Courlis cendré pousse aussi des trilles déchirants. Depuis les zones humides de l'Irlande jusqu'à celles qui bordent le fleuve Amour, il ouvre son long bec, fin et démesuré, nous frappant au cœur de ses complaintes.

Ces deux espèces, comme le Merle et toutes les autres, chantent l'amour. Elles émettent leurs appels pour véhiculer ce discours commun au vivant, du moins pour les espèces sexuées : trouver un partenaire et faire circuler une partie de ses gènes au cours du temps. Les hormones sont aux commandes. Le fond est moins poétique que la forme. Les éventuels partenaires et les potentiels concurrents n'y entendent qu'une démonstration de bonne santé, ou du moins d'un patrimoine génétique peu consanguin. Pour les premiers, ce peut être l'assurance d'un engagement à contribuer à l'élevage de la progéniture ; pour les seconds, une mise en garde, voire une menace, au prétendant qui chercherait à s'octroyer le territoire ainsi déclaré occupé. Deux raisons majeures *a priori* bassement utilitaires.

Le Gobe-mouches noir occupe, outre la péninsule scandinave où il abonde, un vaste territoire, morcelé à l'ouest de l'Europe et continu à l'est, longeant par le nord la frontière du Kazakhstan jusqu'à sa pointe, à 15 kilomètres de la Mongolie.

Les mâles nuptiaux ont un plumage pie, noir du front au bout de la queue sur le dessus, les ailes presque entièrement traversées de blanc pur, comme l'extérieur de la queue délicatement sur les deux tiers de sa longueur. Mais, après la nidification et avant de descendre en Afrique de l'Ouest, leur plumage est intégralement remplacé par une robe brune, assez similaire à celle des femelles et des jeunes.

Leur chant est simple et rythmé, alternance de notes sifflées et grinçantes. On pourrait le qualifier d'enjoué, comme celui d'un joyeux luron, heureux des beaux jours, du débourrement des bourgeons et des frondaisons nouvelles.

Il y a plus de vingt ans, deux chercheurs norvégiens de l'université de Trondheim ont constaté que la complexité du répertoire de leur chant est proportionnelle à la condition physique, à l'expérience, c'est-à-dire au nombre de saisons de reproduction et à la qualité du plumage des mâles.

Un an plus tard, deux autres collègues de l'université d'Oslo confrontent des femelles à des mâles d'apparence et d'âge identiques, associés chacun à des émissions enregistrées de chants. Dans sept cas sur douze, les femelles ont commencé à établir un nid chez le mâle auquel était associé le haut-parleur diffusant le chant le plus varié. Autrement dit, la diversité des vocalises du mâle conditionne son succès reproductif.

Une dizaine d'années plus tard, des preuves que le chant donne une indication sur le taux de consanguinité sont mises en évidence, que ce soit avec des Serins des Canaries, des Diamants mandarins élevés en cage, ou la population sauvage de Bruants chanteurs de la petite île de Mandarte, dans la baie de Vancouver, sur la côte ouest du Canada.

Dans chacun de ces cas, on constate que le taux de consanguinité affecte bien la diversité du registre et que la qualité du chant est positivement corrélée à la performance immunitaire.

Les femelles, en conséquence, choisissent de « bons » mâles chanteurs.

Le chant, c'est donc le sexe et la mort, la reproduction et la lutte. Un axiome qui s'étend à l'hiver chez le Rouge-gorge.

Le chant mélancolique et délicat qu'il pousse en cette saison a le même objectif qu'au printemps, à savoir véhiculer ce message des écriteaux à l'entrée des villes du Far West dans les aventures de Lucky Luke : « Étranger, passe ton chemin. Si tu restes, une place t'attend au cimetière. » Chez lui, la défense du territoire prend une tournure jusqu'au-boutiste. Qu'un intrus y pénètre et c'est la lutte à mort, quel que soit le sexe de l'adversaire.

Mieux encore : chez cette espèce, mâles comme femelles font entendre leur chant hostile. L'agressivité du Rouge-gorge le pousse parfois même à s'acharner sur un congénère empaillé jusqu'à le déchiqueter entièrement.

Lorsqu'il s'agit de batailles entre deux individus, chacun cherche à frapper les vertèbres cervicales de l'autre. Et l'on peut lire qu'un Rouge-gorge sur dix périrait sous les coups d'un congénère.

Un mélancolique et délicat chant de guerre.

Outre les mélodies, les oiseaux poussent aussi des cris. Il y a le cri d'alarme, dont la fonction est d'alerter les congénères de la nature du danger, et qui est souvent interprété par les autres espèces, voire par les mammifères. Les Mésanges en émettent de différents pour les prédateurs aériens et pour les terrestres.

Il y a aussi les cris de cohésion, ou de contact, émis au sein des groupes dont ils garantissent l'unité : rondes de Mésanges, groupes de Canards ou d'Oies. Ce sont en général des cris très courts et stéréotypés, que les individus poussent lorsqu'ils se nourrissent, par exemple.

Une propriété qu'ils partagent avec les cris de vol, poussés notamment au cours de la migration. Ceux-ci assurent la cohésion des groupes d'oiseaux. Ils sont aussi brefs et standardisés, et peuplent les nuits d'août à novembre.

Cris de Cailles des blés, de Râles et de Poules d'eau, de petits échassiers, Chevaliers et Bécasseaux, sifflements étirés de Grives, de Merles, de Rouges-gorges, de Bruants, roulements brefs d'Alouettes des champs, par les nuits étoilées. Comme une traînée audible de l'activité de migration postnuptiale nocturne de millions d'individus, invisibles à nos yeux. Une migration si intense, étagée sur plus d'un kilomètre de haut en fonction des conditions météo et des espèces, que la plus grande des chauves-souris d'Europe, la Grande Noctule, y prélève sa dîme au passage, capturant et croquant des Pouillots, des Rouges-gorges, des Rousserolles, lors de leur descente en Afrique.

Enfin, il y a les cris de quémandage, que poussent les poussins et les jeunes oiseaux pour obtenir de la nourriture de leurs parents.

Mais cette classification en quatre catégories est évidemment caricaturale, et la réalité bien plus complexe.

Des chercheurs japonais ont démontré il y a quelques années que les Mésanges charbonnières de type minor – groupe subspécifique présent dans les îles à l'est des côtes de la Corée, élevé au rang d'espèce sous le nom de Mésange de Chine par certains auteurs – combinent les cris selon les usages, à la manière des syllabes.

C'est la première démonstration d'un tel procédé hors du langage humain. Pour le mettre en évidence, les chercheurs ont artificiellement recombiné des cris et les ont soumis à des individus *in situ*. Selon les combinaisons, les réactions – c'est-à-dire les interprétations des Mésanges – varient.

Une forme de mise en abîme d'un privilège qu'on pensait jusqu'alors réservé aux humains.

Que conclure des différentes fonctions des vocalises des oiseaux ? Qu'elles leur sont propres ? Qu'elles sont issues de processus à l'œuvre sur les générations s'étant succédé et ayant divergé au fil des millions d'années d'évolution ? Qu'elles charrient en elles encore une part d'inconnu ?

Peut-être, surtout, que leur absence pèsera infiniment plus sur l'animal qui en aura le plus conscience. Puisque c'est un des rôles non biologiques de ces vocalises : donner conscience de faire partie d'un tout divers, complexe et animé de processus qui nous dépassent.

10.

Le premier chant que j'ai appris malgré moi, à
force d'en être imprégné tant il était omniprésent,
est celui de l'Hirondelle rustique. Contrairement
à la plupart des oiseaux chanteurs qui s'excluent
territorialement par la mélodie, cette dernière
chante en groupe.

Les mâles sont posés les uns contre les autres
sur un fil téléphonique. D'autres volent en grandes
glissades, coups d'ailes, virages aigus, remontées à
la verticale. Boucles sublimes que Paul Géroudet
lui-même[1], ayant littéralement consacré sa vie à

_____

1. Ce défunt ornithologue a écrit une très accessible
monographie sur les oiseaux d'Europe en neuf volumes,
essentiellement tirée de ses observations personnelles.

cette espèce, « renonce à décrire » tant elles sont variées, virtuoses et sans fin.

Paul Géroudet, en plus de ses livres, a traduit et adapté la véritable bible de tout ornithologue. Un trésor, avant l'apparition d'ouvrages plus pointus il y a vingt-cinq ans : le *Guide des oiseaux d'Europe*, de Roger Tory Peterson, édité pour la première fois en français en 1954, avec les planches en noir et blanc ; réédité partiellement en couleurs, puis totalement ; augmenté et réimprimé quasiment en continu depuis.

Le traducteur y décrit les chants comme personne d'autre. De manière si intelligible qu'il m'est arrivé d'identifier à sa mélodie un oiseau encore jamais entendu, mais dont j'avais lu la description de cet insatiable passionné.

Pourtant, même Paul Géroudet a renoncé, sans le dire aussi franchement, à décrire le chant de l'Hirondelle rustique, sublime et insaisissable musique, qui s'interrompt çà et là de cris de cohésion, signalant aux autres membres de la communauté la position de l'individu.

On pourrait tenter de l'évoquer en soulignant sa ressemblance avec le discours continu mais haché, précipité, que produirait un toxicomane sous l'emprise d'amphétamines et désirant ardemment dire quelque chose d'important. Des phrases débutant par quelques notes isolées, explosives et « zézayées », suivies de cascades de syllabes couinantes, glissantes, grinçantes sans jamais être désagréables. Babils commençant haut, puis graduellement *decrescendo*, allitérations en *zw*, entrecoupées de trilles descendant et ralentissant, de courts crépitements liquides et exténués d'une demi-douzaine de claquements, pour reprendre aussitôt cette course effrénée de sons.

Une des techniques auxquelles on recourt désormais couramment pour distinguer les chants des diverses espèces est l'observation de la retranscription visuelle du son. On utilise des sonagrammes, représentations en deux axes des sons : l'axe horizontal porte l'écoulement du temps, et le vertical la hauteur – du grave, en bas, vers l'aigu, en haut.

Un son clair – celui d'un sifflement pur, par exemple – apparaît comme un trait fin. Un son composé simultanément de basses et de hautes fréquences se dessine comme un ample coup de pinceau. Un *tuuuï* forme une ligne plate terminée par une courbe brusquement ascendante. Le cancanement d'un mâle de Canard colvert est représenté comme une bande large et strictement verticale, puisque presque l'ensemble de la bande passante y est simultanément émis.

Le chant de l'Hirondelle rustique apparaît, lui, comme une série de fins traits quasi verticaux sur lesquels, avant que l'encre ne sèche, le dessinateur aurait mis un grand coup de manche vertical, faisant ainsi baver chacune de ses griffures. On y « lit » autant la précipitation, voire une forme de panique, que la délicatesse de l'ensemble, jamais criard ni grinçant.

Ce chant m'a habité pendant quatre ans, de mes sept à dix ans. À l'époque, alors que mes parents travaillent tous deux, je vais chez des voisins avant le ramassage scolaire du matin et après l'école jusqu'à leur retour, ainsi que toute la journée du mercredi. Une famille accueillante de six enfants, dont le père, vétéran des guerres d'Indochine et d'Algérie, est alors garde-chasse. Chez eux, je suis considéré comme gentiment marginal, sinon original, avec mes passions ; mais je suis aussi et surtout accepté comme étant de la famille. Marc est mon jumeau, à deux mois près ; nous partageons tout, à ceci près qu'il m'abandonne chaque mercredi pour assister au mystérieux catéchisme. Catéchisme inimaginable dans une famille de bouffeurs de curés, très Troisième République et Commune de Paris de mon côté maternel.

Ma maison d'accueil du mercredi, étroite, se trouve contre un portail, sur la droite. J'y observe, fasciné, des vanneaux, bécasses, perdreaux et faisans pendus par les pattes le lundi matin, lendemain de chasse. Les renards et fouines empaillés, figés dans des scènes dites naturalistes, trônent sur le buffet.

Une longère abandonnée barre le fond de la cour, portes battantes, carreaux cassés, pour le plus grand bonheur d'une colonie d'Hirondelles rustiques. Les nids s'y entassent le long des poutres, les fientes y forment de petits tas au sol. Les ballets des adultes ne cessent jamais, dans un concert de chants et de cris.

Hirondelle rustique

Ce chant aussi familier que la voix de mes proches, aussi mythique et légendaire pour l'ornithologue que je suis, s'évanouit aujourd'hui de nos campagnes, lentement mais, semble-t-il, sûrement.

L'Hirondelle de cheminée, rebaptisée Hirondelle rustique, mériterait plutôt le nom d'« Hirondelle rurale », tant elle est peu encline à fréquenter les villes et faubourgs, délaissés au cours du premier quart du XXᵉ siècle.

Si elle est encore notée très commune en 1874 dans Paris par Nérée Quepat (de son vrai nom René Paquet), Paul Barruel ne signale plus en 1937 que quelques couples subsistant au Marché aux Chevaux, dans le XVᵉ arrondissement, et rue Copernic, dans le XVIᵉ. Depuis, cinq à dix nids sont construits çà et là chaque année.

En 2006, dans l'étroite case de l'enclos aux Autruches de la ménagerie du Jardin des Plantes, un couple d'Hirondelles rustiques niche par miracle. Mâle et femelle font des allers et retours dans l'abri, à quelques centimètres de la placide tête des Autruches.

Les deux espèces, que tout oppose, se rencontrent. D'un côté, port pharaonique, attitude princière et dominatrice, cils hollywoodiens, pattes nues, écailleuses, terminées de deux doigts terribles et d'un seul ongle. De l'autre, la grâce aérienne.

C'est ma dernière observation d'Hirondelle rustique nicheuse dans Paris. À la campagne aussi, sans toutefois disparaître, cette espèce a vu ses populations littéralement s'effondrer en quelques décennies.

Dans l'*Atlas des oiseaux nicheurs de France*, coordonné et rédigé par Laurent Yeatman, paru en septembre 1976, on pouvait pourtant lire : « L'enquête place l'Hirondelle rustique parmi les cinq espèces les plus largement réparties ; elle doit nicher sur toutes les cartes, sauf celles ne concernant que des montagnes très élevées. Aucune preuve n'a été apportée pour préciser des changements d'effectifs. »

Cet ouvrage est le fruit d'un travail collectif ayant mobilisé cinq cents passionnés d'oiseaux durant quatre à cinq années consécutives. L'aire géographique concernée est divisée en cartes, ou mailles, de surfaces presque égales et juxtaposées les unes aux autres.

Dans chacune de ces sous-divisions, la communauté des observateurs tente de rassembler toute preuve de nidification ou de présence, pour les hivernants. Lorsque c'est le cas, une maille est dite « occupée » et on y figure une approximation de l'importance des effectifs.

Pour une période de relevés s'étalant de 1970 à 1975, l'Hirondelle rustique présente une carte de France quasi noircie de cercles du plus grand diamètre. L'Hirondelle est sur le podium des espèces occupant le plus de cartes, *ex aequo* avec le Moineau domestique, derrière le Merle, mais devant les Mésanges bleue et charbonnière, le Rougegorge, le Pinson, la Fauvette à tête noire, etc.

L'héritier de ce travail collectif, sa quatrième génération, est paru tout récemment, presque quarante années plus tard, coordonné par Nidal Issa et Yves Muller. Plusieurs milliers d'observateurs y ont participé et leurs efforts convergent vers un même constat.

L'Hirondelle rustique, en termes d'occupation du territoire, est passée derrière les Mésanges bleue et charbonnière. Autrement dit : les lieux qui l'abritent se font plus rares.

C'est surtout en termes d'effectifs que le déclassement est frappant. Quand l'Hirondelle compte de 900 000 à 1,8 million de couples nicheurs, le Rouge-gorge en a au minimum 3 millions, la Mésange charbonnière au moins 4 millions, la Fauvette à tête noire 5 millions, le Pinson des arbres 7 millions.

En mai 1976, les campagnes bruissaient des glissades et du babil zozotant des Hirondelles. Durant les longues journées de juin, les centaines d'allées et venues par jour pour nourrir les trois ou quatre jeunes âgés de quinze à vingt jours rythmaient le quotidien des oreilles attentives.

Et moi, âgé de quelques années, le nez en l'air sous les poutres décaties de la longère abandonnée des hommes, je profitais du spectacle.

En 1979, Georges Hémery et ses collègues publient une « Étude de la dynamique des populations françaises d'Hirondelles de cheminée (Hirundo rustica) de 1956 à 1973 ». Le chercheur est alors un jeune passionné d'oiseaux, mais aussi et surtout le fils d'un mathématicien. Ayant grandi à bonne école, lui-même féru d'analyse de données, il apporte à l'ornithologie des approches

quantitatives pour mieux comprendre les méca-
nismes régissant les populations d'oiseaux.
Le résultat de ces travaux est sans appel. Déjà, les
populations d'Hirondelles rustiques sont réduites
d'un quart à deux tiers sur cette période, ce qui
avait échappé à Laurent Yeatman dans l'atlas de
1976. S'ensuivent deux décennies sans tendance
nette, suivant les variations des divers facteurs
pouvant affecter ce petit migrateur : printemps
froids et humides, étés mauvais, conditions de
migration difficiles et, dans une moindre mesure,
aléas en Afrique subsaharienne.
Puis, en quelques années, de 1995 à 2002, un
brutal déclin survient, de moitié au moins. Une
légère remontée des effectifs a lieu les deux années
suivantes, avant que reprenne la dégringolade.

Une telle extinction n'est pas le fruit d'une esti-
mation au doigt mouillé.
Chaque printemps, les plus acharnés et les plus
concernés des amateurs répètent, dans des conditions identiques, des échantillonnages par points
d'écoute. Les données remontent au niveau natio-

nal et sont traitées pour en extraire des estimations. Elles ne laissent pas place au doute.

En 2001, Romain Julliard, ornithologue depuis sa prime jeunesse, biologiste et statisticien récemment diplômé, propose d'appliquer une stratégie d'échantillonnage à même de garantir une bonne représentation de tous les milieux au suivi en place depuis déjà douze ans alors.

Chaque participant indique un point à partir duquel il est prêt à effectuer ses prospections. Un carré de 4 kilomètres carrés est tiré au hasard dans un cercle de 10 kilomètres de rayon, soit de 300 kilomètres carrés.

Le participant y place dix points, jamais à moins de 250 mètres les uns des autres, représentatifs des milieux occupant le carré.

Le résultat de cette étude est irréfutable : les Hirondelles rustiques déclinent dramatiquement. Malgré les appels de nombreux naturalistes et biologistes.

Il y a un peu moins de dix ans, en 2010, Brigitte Poulin et ses collègues publiaient le bilan d'une étude comparant des zones traitées avec un insecticide et des zones indemnes de tout épandage.

Pas n'importe quel insecticide : le BTi, le plus utilisé en agriculture biologique, puisque fondé sur l'exploitation du caractère toxique sur les insectes des sous-produits d'un bacille existant à l'état naturel.

Pas n'importe quel milieu non plus : le delta du Rhône, la Camargue, milieu riche, limoneux, producteur d'une biomasse formidable, comme tous les estuaires.

Résultat sans appel : alors que l'insecticide ne vise en théorie que les larves de nématocères, moustiques et chironomes, les prédateurs de ces derniers – les araignées, libellules et demoiselles ainsi que les Hirondelles de fenêtre – montrent des effectifs plus réduits dans la zone traitée.

Aucune de ces espèces ne trouve de quoi se nourrir. D'autant que l'extrait de bacille ne se révèle pas aussi chirurgical qu'attendu, mais frappe également d'autres bestioles dont le stade larvaire se déroule sous la surface de l'eau.

On pourrait penser que les Hirondelles en question – certes pas des rustiques, mais de très proches cousines, surtout en ce qui concerne la biologie – sont parties se nourrir plus loin. Pourquoi pas ? De si bons voiliers pourraient s'en contenter. Mais l'effet le plus notable sur ces oiseaux reste le faible nombre de jeunes amenés à l'envol.

Les Hirondelles ne sont pas mortes empoisonnées, ainsi qu'on avait pu le constater avec les insecticides très persistants – comme la Dieldrine, interdite dans notre pays en 1972 et dont l'exposition s'est révélée encore plus toxique pour les vertébrés. Ni même affamées.

Non, elles ont simplement moins de descendants. Elles s'éteignent. Et leur chant disparaît petit à petit, laissant place au vide.

Le silence des oiseaux est aussi réel que pernicieux. Les passionnés l'observent, mais tous les hommes le ressentent.

Il ne s'agit pas d'une disparition subite, par intoxication mortelle, où l'on pourrait ramasser les cadavres au sol, et dont on pourrait s'alarmer.

Mais plutôt d'une désertion graduelle de notre espace sonore, ayant pour beaucoup le même effet que l'expression « Loin des yeux, loin du cœur ».

11.

Au sud-ouest du massif forestier de Rambouillet, reliquat des chasses royales, débute un paysage original, paisible et apaisant. Les géographes
l'appellent « vallonnements de la Drouette et de la
Maltorne », deux cours d'eau se traînant en vieilles
couleuvres fatiguées jusqu'à l'Eure.

Entre ces deux vallées, la Guesle serpente
péniblement. Lorsqu'on remonte vers le nord, à
contresens du courant, une fois passé le hameau
d'Amblaincourt, on trouve à droite la forêt,
sombre, alluviale au pied du coteau, sèche et rési-
neuse plus haut sur la butte. À gauche, une grande
houle de labours et de champs cultivés est parsemée de remises à gibier.

Nous avons la chance d'être propriétaires, tout contre la Guesle, d'une maison de campagne achetée à trois cousines octogénaires. En larmes lors de la signature chez le notaire, elles nous ont raconté y avoir passé leurs vacances depuis 1948, date à laquelle le père de l'une d'elles avait hérité cette longère d'un grand-oncle. La bâtisse est chargée de tout cela, et de bien plus encore.

Robert Doisneau ayant rencontré une jeune Raizeulienne qu'il épousa, on peut voir non seulement les trois cousines enfants, mais aussi la maison en fond sur une de ses photos rurales appelée « La ronde ». On y constate également que les grands épicéas bordant la Guesle n'étaient pas là.

Pendant l'hiver 2011, une Pie-grièche grise s'est installée dans des clos pâturés d'un autre temps sur la commune voisine de Mittainville. Rareté magique, petite noblesse dans le grand groupe des oiseaux chanteurs, les passereaux, aux mœurs de rapaces. Une livrée tout en douceur et en classe : ventre clair, dos gris cendre, ailes et queue noires, les premières marquées d'un galon blanc, la seconde bordée de cette même couleur. Pour donner un air canaille de bal coquin, un loup sur la face finissant en arrière des yeux noirs. Une beauté discrète, rien de m'as-tu-vu.

Perchée presque verticalement, elle passe des heures au sommet d'un roncier ou d'un piquet. Elle y guette tout organisme vivant qui pèse un peu moins que son propre poids. Elle fond sur lui, le tue, puis, si elle ne le dépèce et n'en avale les morceaux de suite, l'empale entier sur une épine de prunellier ou un barbelé en prévision d'une possible disette.

Elle crée ainsi des scènes moyenâgeuses. Des campagnols, des hannetons, des grillons des champs ou même des Pouillots pendouillent, traversés de part en part et exposés. Comme on imagine des pendus ou des écartelés exposés à l'entrée d'un village à la suite du pillage de barbares, ou peut-être de peuplades voisines.

Des mœurs qui frappent d'autant plus les esprits que cette Pie-grièche grise, si propre sur elle, semble toujours rechigner à descendre au sol. C'est une affaire, un tel hivernage.

Pie-grièche

La Pie-grièche grise, comme toute espèce d'oiseaux des paysages ruraux misant principalement sur les gros insectes, a vu ses effectifs fondre. La part du territoire français qu'elle occupait se réduit désormais à de rares régions privées de la révolution verte.

À ses préférences alimentaires s'ajoute une distribution certes holarctique, mais majoritairement au nord du 50e parallèle, expliquant son goût pour les régions collinéennes ou submontagnardes comme le Massif central.

Les effets du réchauffement climatique, déjà bien marqués chez les oiseaux, tendent à rogner la partie inférieure de sa distribution ouest-européenne, située dans l'Hexagone.

C'est le lot prévisible de ces espèces, comme le Grand Tétras, dont la limite inférieure de l'aire de répartition recule. Elles subsistent çà et là sur les pentes et les sommets, y trouvant une météo plus conforme à leurs besoins.

Mais cette survie a ses limites physiques. Une fois les températures remontées au point que la météo des plaines s'applique au sommet, plus de salut : ces populations s'éteignent. Subsistent alors celles des latitudes plus élevées, prêtes éventuellement à reconquérir leurs anciens territoires à la faveur d'un refroidissement. Mais rien de tel n'est prévu – au mieux, peut-être, une stabilisation.

Le Bassin parisien, surtout dans un rayon de moins de 100 kilomètres autour de la Ville lumière, compte très peu de ces joyaux que sont les prairies bordées de haies vives, parsemées çà et là de ronciers.

Lorsqu'ils existent encore, ces territoires se rencontrent plutôt en fond ou à flanc de vallée, là où la mécanisation n'est pas rentable, ou encore dans les zones privilégiées dédiées à la mise au pré de chevaux de selle.

Le stationnement pour quelques semaines d'une Pie-grièche grise, c'est le buzz dans les réseaux de siphonnés d'oiseaux, la gloriole éphémère pour le découvreur, et l'occasion d'échanges variés au sein de cette communauté.

Cela risque pourtant d'être de plus en plus rare. Comme pour la Pie-grièche à tête rousse, une cousine frileuse, sporadique dans la moitié sud du pays depuis qu'elle a déserté les limites nord de son aire de répartition géographique, encore régulière autour du golfe du Lion.

Plus menue que la Pie-grièche grise, elle tente un peu de fantaisie, mais sans exubérance, tout en retenue : une calotte rousse descendant bas sur la nuque, un dos noir avec deux grandes taches blanches obliques le parcourant lorsqu'elle est posée, un croupion blanc se prolongeant sur les côtés de la queue, et, bien sûr, le masque noir de cette famille de petits passereaux prédateurs.

Elle a niché en Île-de-France. Elle était même considérée comme étant la plus commune des quatre espèces de Pies-grièches dans la région par Albert Cretté de Palluel, dans ses notes accumulées depuis 1859 et publiées en 1884 dans la revue *Le Naturaliste.*

Elle se paie même le luxe de nicher régulièrement au cimetière du Père-Lachaise jusqu'en 1874, selon Nérée Quépat, et au bois de Vincennes encore quelques années avant le XXe siècle, comme l'indique Lomont dans son article sur les oiseaux des bois parisiens dans *La Feuille des jeunes naturalistes.*

Mais, dès 1926, Jean Lasnier signale qu'elle est presque rare certaines années dans le sud de la Seine-et-Marne. La dernière nidification connue date de 1981, en vallée du Petit Morin, dans le nord de ce département.

La Pie-grièche à tête rousse pourrait rencontrer en Île-de-France des conditions climatiques favorables et, çà et là, des habitats secs : coteaux calcaires, affleurements sableux. Mais ces milieux ne lui offriraient que très localement le couvert de nos jours, les gros insectes ayant été évacués des zones cultivées.

Et surtout, même si elle y trouvait sa nourriture, la remontée des espèces depuis les régions méditerranéennes, à la faveur du réchauffement, ne va pas aussi vite que la désertion des espèces nordiques.

Abandonner un territoire devenu hostile, ça ne prend qu'un instant. Trouver sa place dans un autre qui deviendrait hospitalier, s'y établir, ça demande souvent du temps d'exploration collective.

Il faut essuyer les échecs à rencontrer un partenaire qui n'a pas eu les mêmes velléités de colon. Puis, une fois le couple constitué, mener à bien les nichées dans un territoire occupé par d'autres espèces.

Les données collectées avec le suivi standardisé des oiseaux nicheurs permettent d'évaluer ce phénomène propre à un changement rapide des températures. On évalue la composition des communautés d'oiseaux en chaque point, on mesure la part des espèces thermophiles (qui aiment les climats plus chauds) et celle des espèces préférant des températures plus basses, et on observe comment ces proportions varient au cours du temps. Cela a constitué l'un des résultats les plus frappants concernant les oiseaux de nos campagnes. En vingt ans, de 1990 à 2008, les réarrangements constatés au sein des communautés d'oiseaux correspondent à un glissement d'une centaine de kilomètres vers le nord. En 2008, les assemblages d'espèces relevés équivalent à ceux trouvés un peu moins de 100 kilomètres plus au sud au démarrage des relevés. C'est le fait de la forte plasticité des oiseaux, de leur faculté d'adaptation que favorisent leur mode de déplacement et la diversité de leurs régimes alimentaires. Les sudistes remontent, les nordistes quittent les lieux.

Mais demeure un problème majeur. De 1990 à 2008, le réchauffement est plus brutal que ça. Les températures ont dérivé vers le nord de plus du double de cette distance. On a désormais des températures équivalant à celles qu'on relevait plus de 200 kilomètres plus au sud il y a deux décennies. La différence entre ces deux translations vers le nord est en défaveur des oiseaux. Même incroyablement adaptables, les espèces des milieux chauds remontent plus lentement, et celles préférant les climats plus froids quittent moins vite leurs territoires, que le climat ne se réchauffe. L'expression consacrée est « dette climatique ». Un des impacts notables du réchauffement planétaire sur le vivant, par ce qu'il a d'abrupt à l'échelle des temps évolutifs.

Comment les oiseaux nous le disent-ils ? En s'absentant. La Pie-grièche grise nous quitte, et la tête rousse ne nous revient pas.

12.

En 2003, Daniel Pauly, biologiste marin, se voit classé par la revue *Scientific American* parmi les cinquante scientifiques les plus influents de la planète.

Quatre ans plus tôt, il a lancé le projet « Sea Around Us » – « l'océan qui nous entoure », traduit littéralement. Un nom en hommage à Rachel Carson, auteure d'un ouvrage du même titre, mais surtout de *Silent Spring* – « Printemps silencieux », autrement dit un printemps privé de chants d'oiseaux.

Ce livre, traduit dans plus de vingt langues, est considéré à juste titre comme une des publications les plus importantes du XXe siècle. Cri d'alarme sur les conséquences de pratiques agricoles destructrices, il est à l'origine de prises de conscience majeures : le développement de notre civilisation risque bien de lui être fatal. En altérant profondément la vie au sens large, en nous privant de ce qu'elle nous apporte au quotidien : oxygène, ressources alimentaires, cycles organiques.

L'objectif du projet lancé par Daniel Pauly est d'évaluer les impacts de la pêche industrielle sur le monde marin. Cela concerne les poissons, mollusques et autres créatures consommées directement dans l'assiette, mais aussi indirectement comme engrais ou nourriture dans l'élevage.

En 2015, fort de ses recherches, Pauly cosigne avec trois autres auteurs une publication scientifique majeure sur l'évolution de 1950 à 2010 des populations d'oiseaux de mer : « Population Trend of the World's Monitored Seabirds, 1950-2010 ».

Selon les quatre chercheurs, se pencher sur l'évolution des effectifs de ce groupe permet d'obtenir un état des lieux concernant les écosystèmes marins. Le pendant exact, en somme, de ce qui se pratique sur la terre ferme, là où c'est possible, c'est-à-dire là où des amateurs se mobilisent pour faire le suivi des espèces dans les campagnes et les villes.

Les travaux de Pauly et de ses confrères concernent plus de 3 200 populations nicheuses appartenant à plus de 320 espèces.

Dix de Manchots, presque autant de Fous, vingt d'Albatros, plus de trente de Pétrels – ces proches cousins des précédents –, des Cormorans, des Pélicans, des Labbes, des Mouettes et des Goélands par dizaines, des Sternes aussi – dont la Sterne arctique –, des Guillemots et des Pingouins.

Presque rien de ce qui vole, ou du moins de ce qui est emplumé, et qui trouve sa subsistance en mer, n'est laissé de côté. Et les chercheurs estiment que leur jeu de données représente de l'ordre de 20 % de la totalité des populations d'oiseaux de mer.

Grâce aux tissus d'amateurs, les recensements proviennent de toute la surface du globe, depuis les franges de la banquise jusqu'aux côtes équatoriales, sur toutes les mers et sur les trois océans. Afin de ne pas perdre en robustesse statistique, ces travaux, ces travaux ne prennent en compte que les sites où cinq comptages sont disponibles. Le résultat nous en rappelle d'autres. Sur les soixante ans que couvre la période, les effectifs ont chuté de plus des deux tiers, 70 % précisément. Sur notre planète, les étendues marines ont donc perdu deux oiseaux sur trois en quelques générations. Les cieux marins sont moins peuplés, signe que les fonds ont aussi perdu leurs ressources.

En décembre 2018, Daniel Pauly cosigne une autre publication dans la lignée de la première. Les six auteurs y signalent que, malgré le déclin constaté, les zones d'intensification de la pêche industrielle persistent. Et ils superposent deux courbes symétriques.

Celle de l'augmentation des prises, dépassant de nos jours les cent millions de tonnes par an, en miroir de celle de la chute des populations d'oiseaux de mer.

Une espèce incarne particulièrement ce déclin. Et elle est d'autant plus symbolique que c'est à la suite de sa chasse sans raison, purement gratuite, comme un ball-trap sur espèces sauvages dans l'archipel des Sept-Îles, qu'a été créée la Ligue de protection des oiseaux, quelques années avant la Première Guerre mondiale.

Il s'agit du Macareux moine, autrement appelé Calculot ou Perroquet de mer, car ses adultes nuptiaux ont un bec aplati verticalement mais haut, coloré d'ardoise, de jaune plus ou moins vif et d'orange. Il semble maquillé en auguste : ses commissures sont vives et épaisses, presque redessinées grossièrement, et son œil cerclé de rouge est surmonté d'un triangle de peau nue, comme posé sur une base de même nature continuée par un trait fin.

Le tout forme autour de l'œil le profil d'une voile gonflée sous un souffle venant de l'arrière de l'animal. Une fantaisie totale, la tête de ce

Macareux nicheur, et pourtant un air sérieux, dubitatif.

Un corps paraissant en décalage par rapport à cette face de clown triste. Un ventre blanc pur et un dessus de charbon.

Macareux moine

La Ligue de protection des oiseaux le prend pour emblème. Sur la version actuelle de son logo, deux Macareux semblent échanger à voix basse.

De quoi parlent-ils ? Peut-être du déclin de l'espèce en Europe de l'Ouest, où une grosse partie de la population est rassemblée. Et où elle souffre d'une érosion profonde, continue depuis des décennies.

La faute aux techniques de pêche au rendement décuplé, alignées sur une demande croissant à mesure. En bref, à notre mode de vie. Comme si les oiseaux étaient là pour nous indiquer combien notre manière d'être nous met nous-mêmes en péril. Les véritables lanceurs d'alerte.

Il y a presque un siècle, le 20 juin 1922 à Londres, ce qui deviendra BirdLife International, et s'appelle à l'époque le Comité international pour la préservation des oiseaux, est créé lors d'une réunion à l'initiative de Gilbert T. Pearson. Ce conservationniste américain a cofondé plus tôt la Société Audubon. Et il est d'autant plus au fait des problèmes frappant les populations d'oiseaux qu'il a commencé tout jeune à collectionner les œufs et à vendre les plumes d'Aigrettes qu'il avait tuées.

Quelques Anglais, deux Néerlandais et un Français, Jean Delacour, alors président de la jeune

Ligue de protection des oiseaux, y participent. Un double objectif est fixé : favoriser la protection des passereaux insectivores et lutter contre la plumasserie. Si le premier n'a pas abouti, le second est atteint quelques dizaines d'années plus tard, alors même que le comité en question prend une dimension proprement internationale. Aujourd'hui, l'organisation est active partout, avec plus de cent vingt partenaires répartis sur tous les continents habités.

Les moyens de lutte sont inégaux ; mais, grâce à cette Ligue, des résultats tombent concernant l'état des populations d'oiseaux à l'échelle de la planète. Pour quelques succès locaux, une érosion générale est constatée.

En cause : les effets dévastateurs de l'industrialisation, ou du moins de la massification de pratiques défavorables aux oiseaux, même dans les endroits les plus inattendus.

En Europe, ce sont aussi près d'un demi-milliard d'oiseaux, soit presque un sur quatre, qui ont dis-

paru en trente ans. Les plus rares sont paradoxa-
lement stables ou en croissance : elles bénéficient
de mesures de protection concernant de petites
populations relictuelles, ciblant directement les
facteurs qui les ont rendues rares – en général, la
destruction directe.

Outre-Atlantique, le printemps répand aussi son
silence. C'est là-bas qu'on trouve le premier cas
documenté d'éradication totale d'une espèce très
abondante, sous l'action de la chasse.

Il s'agit de l'effilé Pigeon migrateur, grégaire
durant la nidification : son habitat, ses colonies,
ses regroupements d'hivernants et ses vols migratoires ont fait l'objet de destructions massives en
l'espace d'un peu plus d'un siècle seulement.

Traitement redoutablement efficace : alors qu'il
y avait un à plusieurs milliards d'individus selon
les estimations, on n'en retrouva aucun en 1910
et 1911, malgré une recherche active.

Trois ans plus tard, le dernier oiseau connu de
cette espèce meurt en captivité au zoo de Cincin-
nati en 1914.

Un siècle plus tard, rien n'a changé. En février 2018, Rebecca Stanton et deux collègues publient un bilan de la situation des oiseaux des campagnes sur le continent nord-américain. Elles utilisent pour cela les suivis standardisés, lancés en 1966.

Près des trois quarts des espèces, parmi soixante-dix-sept, ont décliné. Le taux le plus élevé, près de 40 %, se trouve chez les oiseaux insectivores chassant en vol, Hirondelles et Engoulevent.

Les pratiques agricoles, et notamment les pesticides, y sont explicitement incriminés, suivis de la conversion des prairies en terres arables. Une situation identique à celle constatée en Europe.

Dans les zones tropicales et subtropicales, d'autres problèmes se posent. En Asie du Sud-Est, le trafic d'oiseaux de compagnie est mis en cause dans le déclin d'espèces communes.

Élever un oiseau en cage est encore très populaire, et les profits que les braconniers peuvent tirer de la revente sont substantiels, relativement au revenu moyen.

En Afrique, rien de tel n'est à déplorer, si ce n'est que les migrateurs au long cours venant du nord sont pénalisés par la désertification et l'élargissement conséquent de la zone à traverser.

Un silence mondial, donc, que personne n'entend.

13.

J'ai passé toutes les vacances scolaires de ma jeunesse, sauf celles de Noël, chez mes grands-parents en Bretagne. La poignée d'étés où j'ai dû sacrifier quelques semaines à d'autres séjours – en banlieue de Madrid ou à Ciudad Rodrigo, dans la province de Salamanque, et même dans cette réserve du Norfolk, tout contre les marais bordant la mer du Nord –, je les ai vécus avec tristesse, voire amertume.

Je me sentais écarté, comme par punition, de ce coin des Côtes-du-Nord, calé contre la mer, sur la côte dite d'Émeraude, où les grès sont roses et la lande violette tachée de jaune vif.

La maison de mes grands-parents était préfabriquée, posée, comme on l'aurait fait d'un carton sur le sol, au début des années 1960. D'abord limitée à deux pièces, puis agrandie d'un salon et d'une véranda.

L'été, le jardin était planté de tentes de camping en coton sentant le moisi, l'odeur des tendeurs en caoutchouc naturel cuits et recuits, des lits de camp et de la toile de bâche enduite surchauffée au soleil.

Une forme de paradis.

À moins de deux cents mètres se trouvait une ferme, où vivaient Joseph et Michèle, parents de Patrice, l'aîné, et de Sylvie et Joël, les faux jumeaux. Jusqu'à mes neuf ans, ils occupaient une longère basse, en grès rose, couverte d'ardoises. À l'intérieur, une pièce principale hébergeait le lit des parents, une cheminée noire large comme un piano où pendaient des andouilles ébène, cryptiques.

Mais aussi un évier, une longue table de veillée bordée de part et d'autre de bancs sans dossier, un escalier montant au seul étage – réserve de grain où pendouillaient oignons et échalotes –, fermé d'une porte en lambris de bois léger à son départ de la pièce comme à son arrivée à l'étage.

De l'extérieur, outre deux autres portes donnant sur le sellier et la pièce des barriques, on entrait dans la salle commune par une porte basse. Si le fond et la façade étaient de blocs de grès rose joints au mortier, le côté droit de la pièce en entrant était une fine cloison en frisette, séparant la pièce principale en deux parties pour en former une étroite, juste un peu plus large qu'une fenêtre, où dormaient les trois enfants.

Plus tard, ils ont habité une solide maison néo-bretonne construite sur une butte dans le clos juste de l'autre côté de la route. L'été, cette nouvelle maison était mise en location. Et, pour deux mois, tout le monde retournait vivre dans la longère. L'occasion d'y passer quelques veillées et d'y dormir. Le bonheur à l'état pur.

L'ensemble – maison des grands-parents et ferme dite du Petit-Pont – était mon Éden. Un quotidien rythmé par les tâches et les saisons pour les adultes, des possibilités à l'infini pour les enfants. Surtout sous l'influence du génie de Joël, de trois ans mon aîné, pile électrique d'inventivité, magicien de ses mains comme de sa tête.

Je n'ai pris conscience que plus tard, à la sortie de l'adolescence, que certains hivers, si l'hospitalité régnait en maîtresse absolue, les vaches étaient bien maigres, et que leur vie n'était pas si simple.

De cette enfance, de cette maison, je me rappelle ces millions de mouches domestiques. Pas seulement à l'étable. Partout.

Chacun connaît l'histoire du couple de mouches dont la descendance, au bout d'une seule année, sans prédateurs et avec des ressources alimentaires suffisantes, occupe la surface du globe terrestre sur un mètre d'épaisseur.

C'est dans cette étable que ce complot mûrissait. Je les voyais, ces petits diptères, se frotter alternativement les deux pattes antérieures, puis les deux pattes arrière, comme pour préparer leur coup.

Un jour suffit aux plusieurs centaines d'œufs pondus par une femelle pour devenir asticots. De deux semaines à un mois, soit trois mues, à ces derniers pour se transformer en pupes dont émergeront des adultes en deux jours à deux semaines, selon que la température est élevée ou basse. En trente-six heures, les femelles sont sexuellement matures.

Une manne pour les tégénaires, les Hirondelles, les divers parasitoïdes, les acariens et même quelques champignons. Une source quasi infinie d'éveil aux sciences de la vie pour les enfants, aussi.

L'altérité et l'empathie pour le vivant sont précédées de petits actes de cruauté. Nous capturions souvent une mouche domestique contre le carreau d'une fenêtre, ou plus tard, avec de l'expérience, à même la table, d'une vive glissade de la main.

La fierté de la première fois. La plonger dans un verre d'eau et l'y maintenir au fond en lui posant dessus une cuillère à café. Sans l'écraser, celle-ci va empêcher le cobaye de s'échapper et le condamner à la noyade. Ne pas hésiter à patien-

ter une bonne demi-heure. Sortir la bête, rata-
tinée, flapie. La couvrir intégralement de sel fin
et attendre. Au bout de quelques minutes, le tas
semble frémir. Deux ou trois minutes encore et il
s'agite, se désagrège et laisse émerger un diptère
outré, occupé à se toiletter.

Fascinante résurrection répétée à loisir, au
point d'en épuiser un pot de sel de table. Pouvoir
des dieux à la portée des doigts d'enfants. L'école
de la vie.

Bien des années plus tard, un couple d'amis
décide de tout quitter pour s'installer à la campagne. Ils prennent un élevage de plus de cent
chèvres Roves et produisent fromages et che-
vreaux.

Puisqu'ils les élèvent sous la mère, avec une
exigence radicale quant au bannissement de la
chimie, la lutte contre les mouches prend là-bas
des proportions impressionnantes.

Ce ne sont pas de simples rouleaux collants gros
comme des cartouches de calibre douze qu'on utilise en quai de traite, mais d'énormes rouleaux de
trente centimètres de large sur dix mètres de long

sur lesquels sont figurées de petites mouches afin d'attirer l'attention des vraies. Effort inutile, tant toute nouvelle surface est rapidement explorée par les diptères curieux. En quelques jours, le rouleau est couvert d'au moins une mouche par centimètre carré, soit 30 000 de ces bêtes pour une bande entière.

Au tournant du millénaire, lors d'une visite à ma grand-mère, je constate l'absence de mouches dans la maison. Bien sûr, l'élevage a considérablement régressé dans le pays et les deux étables les plus proches ont déjà disparu. Mais les poulaillers, clapiers et autres sont toujours là. Or, comme par magie, plus une mouche à l'intérieur, ni dans la véranda, toujours ouverte pour laisser circuler les animaux domestiques, ni contre les carreaux.

Explication de ma grand-mère : de jolis autocollants, représentant des fleurs ou de grands papillons très colorés, collés sur quelques-unes des fenêtres. De vulgaires autocollants, plus efficaces qu'un sortilège.

Enquête faite, rien de magique ni de mystique dans cette disparition. Simplement de l'imidaclopride, un néonicotinoïde, à savoir un biocide, une toxine fulgurante. Découvert au milieu des années 1980, très rapidement devenu l'un des rois des insecticides, commercialisé seulement six ans après, de même que plusieurs autres membres de sa famille, aussi exploités industriellement.

Ces pesticides ciblent un type de récepteurs du système nerveux en usage dans le règne animal depuis probablement un demi-milliard d'années. Des rouages nécessaires à la circulation de l'information au sein d'un organisme. Vital, donc.

Leur neurotransmetteur privilégié est l'acétylcholine. Une vieille routarde de l'histoire de la vie, comme beaucoup d'autres molécules organiques, nous rappelant ainsi notre état animal et la proximité indéniable des diverses espèces. Des récepteurs ciblés par de multiples toxines naturelles.

Certaines les inhibent, comme les venins de serpents, ou les poisons, apparus chez les plantes pour se protéger des herbivores ou sélectionner ceux dont elles pourront tirer profit. D'autres les stimulent – le nom des récepteurs ciblés,

« nicotinique », vient précisément d'une interaction avec la nicotine, cette molécule notoire issue d'une plante, le tabac, qui s'y fixe sans les dégrader, mais entraîne la dépendance si répandue.

L'imidaclopride est près de 10 000 fois plus efficace que le célèbre DDT. Quelques grammes de cette nouvelle chimie ont autant d'effets destructeurs que quelques dizaines de kilos de l'ancienne, désormais bannie de nos sociétés occidentales, mais encore en usage ailleurs.

Le DDT, montré du doigt pour ces effets délétères sur les populations d'oiseaux par Rachel Carson, impliqué dans la mortalité directe des vertébrés ou des poissons, mais aussi stocké en l'état dans les graisses animales, accumulé chez les prédateurs – et donc, en bout de chaîne, en nous.

Concernant les néonicotinoïdes, il aura suffi de trois années de commercialisation pour que les apiculteurs s'alarment des dangers du Gaucho. Pour l'imidaclopride, dans le cas des mouches de ma grand-mère, il aura fallu six ans avant de découvrir ses ravages sur l'abeille domestique.

Afin d'analyser l'effet des divers produits, on recherche la dose ingérée individuellement qui aboutit à tuer la moitié des membres d'une population.

Dans le cas de l'imidaclopride, pour l'abeille domestique, cette DL50 (dose létale 50) est atteinte en quarante-huit heures à raison d'une soixantaine de nanogrammes, à savoir quelques dizaines de milliardièmes de gramme.

Dit comme ça, c'est assez peu parlant. On peut l'exprimer autrement : un gramme, soit ce qu'on appelle en cuisine une pincée de sel, est divisé en mille parties égales ; une seule de ces parties est elle-même divisée en mille parties égales ; enfin, l'un de ces millièmes de millième de gramme est lui-même divisé en mille parties égales.

Une ou quelques dizaines de ces parties ingérées suffisent à tuer la moitié d'une population d'insectes. C'est ça, la toxicité aiguë.

Le DDT a une DL50 de l'ordre du millionième de gramme sur les insectes ; il n'est « que » mille fois moins efficace que les néonicotinoïdes.

De manière surprenante, la toxicité chronique – celle qui concerne l'intoxication par plus petites doses encore ingérées régulièrement – n'est pas mesurée, et donc pas prise en compte, sous prétexte de difficultés. Or, six ans après la commercialisation à l'échelle industrielle de l'imidaclopride, des chercheurs constatent que des abeilles soumises quotidiennement à des doses infiniment plus faibles que celles de la DL50 atteignent le taux de mortalité d'un individu sur deux en dix jours. Une débauche d'infinitésimal pour des effets de plus en plus radicaux. Les environnementalistes, inquiets d'observer les ravages sur le vivant et soucieux de légiférer en conséquence, claudiquent péniblement à la suite, en colère ou abattus, troisième roue voilée d'un char tiré par un cheval fou.

Les organochlorés ont succédé à de plus anciennes molécules, comme l'effroyable cyanure d'hydrogène, puis sont arrivés les organophosphorés, les néonicotinoïdes – déjà interdits pour quelques-uns d'entre eux et pour lesquels un bannissement définitif des traitements sur les cultures devrait être prononcé le 1ᵉʳ juillet 2020, date des dernières dérogations. Mais d'autres suivent, d'un autre groupe chimique, les sulfoximines, ciblant toujours ces mêmes récepteurs, ayant toujours les mêmes effets délétères sur les espèces non ciblées, mais dont on dit qu'ils sont « moins pires », puisque moins persistants dans l'environnement. Ayant le même mode d'action, d'aucuns prévoient d'étendre l'interdiction des néonicotinoïdes à ces substances, mais cela reste à faire à ce jour.

Dans cette pointe vers le nord du pays gallo, bien sûr, les haies et les pommiers sont moins nombreux qu'il y a quelques décennies. Mais cette région ne deviendra jamais un plateau agricole ras. Pour une bonne raison géologique, au grand dam des cultivateurs depuis toujours, mais pour le bonheur des animaux des champs : les affleurements de granit. Dans les clos vallonnés, de place en place, une butte est occupée par un roncier et une touffe d'ajoncs. Les sillons en font le tour ; puis, plus tard en saison, les rangs de céréales.

Il s'agit, la plupart du temps, d'un affleurement rocheux rendant impossible le travail du sol. Autrefois, ce type de milieu se trouvait parfois occupé par une chèvre au piquet, histoire de désherber un peu. Mais aussi par un couple de Linottes mélodieuses, y menant à bien quelques nichées. C'est moins le cas, surtout pour les Linottes, qui n'égaient plus le printemps de leurs jolies phrases musicales, liquides et cristallines.

Mettre en culture une plante et sélectionner les plus productives, c'est aussi risquer de la voir boulottée par d'autres, pucerons ou champignons, les premiers pouvant transmettre divers pathogènes. Si toutefois la lutte contre cette compétition naturelle prenait une autre tournure que celle d'une course à la chimie, privilégiait des solutions faisant appel à d'autres espèces et à d'autres agendas, on pourrait espérer retrouver des paysages où les Linottes mâles flamboieraient du plastron et du front au sommet des ajoncs.

Beaucoup moins pour leur beauté que pour assurer que nous ne scions pas la branche sur laquelle nous sommes assis.

14

La péninsule de Taïmyr est située au nord de la Sibérie centrale. Depuis des générations, certains de ses habitants y colportent une légende : celle du Plongeon arctique.

Cet oiseau effilé, flottant bas sur l'eau, aux plumes de la tête et du cou si fines et si denses qu'elles semblent d'un velours ras, gris souris sur le dessus de la tête, la nuque et l'arrière du cou, strié verticalement de blanc et de noir sur les côtés, noir sur le devant.

C'est ce plumage qu'il arbore dans la taïga. En hiver, sur les côtes et les étangs, il prend parfois des tons plus sobres encore, plus indistincts. Parfaitement bien nommé, le Plongeon est fuselé et ses pattes palmées sont tellement en arrière, en propulseurs de torpille, qu'elles rendent quasi impossible toute déambulation sur la terre ferme.

Plongeon arctique

Selon les habitants de la péninsule de Taïmyr, le monde n'aurait pas été créé par un dieu extérieur à la terre, mais bien par cet oiseau. Le Plongeon arctique aurait « plongé » en profondeur. Il en serait ressorti quelques semaines plus tard avec, dans le bec, un caillou et un petit grain de terre, avant de s'endormir.

À son réveil, les yeux à peine ouverts, il aurait aperçu tout autour de lui la terre, les montagnes et les esprits.

Comme souvent, le mythe part du réel. Cette région, la Sibérie, sur laquelle s'étend une partie de la taïga, a longtemps été un paradis des oiseaux. Pour l'ornithologue que je suis, c'était un rêve éveillé. On s'imaginait y vagabonder au printemps et entendre un flot continu de chants bariolés et divers. Pourtant, le temps de la légende est aujourd'hui révolu. On croise certes encore par milliers des Grives de Sibérie, ou des Merles sibériens. Mais une ligne sonore a presque complètement disparu et empêche l'harmonie générale de se créer.

Ces petites phrases manquantes, aigrelettes et variées, rappelaient celles poussées en Europe par l'Accenteur mouchet jusque dans nos banlieues pavillonnaires. Là-bas, c'étaient celles du Bruant rustique, assez atypiques pour un membre de cette famille.

Chez les Bruants, le chant est d'ordinaire restreint à des séries de notes similaires, parfois accélérées ou ralenties, mais plutôt monotones, voire des phrases de deux ou trois notes, répétées.

Contrairement à celui du rustique, plus enclin à la ritournelle.

À l'est, d'où il vient, on ne l'entend presque plus. Selon les estimations, les populations de ce petit granivore, aux tons brun châtaigne et au sourcil marqué, auraient perdu jusqu'à 80 % de leurs effectifs.

Un déclin brutal. Une disparition rappelant celle du Bruant auréole, au ventre jaune vif et au chant plus stéréotypé, un *tilu-tilu-tilîî-trilili* séduisant, dont le contingent s'est réduit, sur une période encore plus courte, de près de 95 %.

Bruant rustique

Leur point commun ? Nicher dans l'Ancien Monde et migrer sur les côtes pacifiques de la Chine, où ils sont attrapés et revendus comme mets de luxe.

Les moyens de capture, les effectifs de braconniers et les revenus induits croissent avec le même dynamisme que l'économie et la population chinoises. Et, en quelques dizaines d'années, la taïga se fait plus silencieuse au printemps.

Ces techniques, ces méthodes ne sont pas nouvelles. Elles ne sont pas propres non plus à l'Asie. L'homme convoite – et les oiseaux, ces bijoux, ces raretés délicates à contempler dans leur cage, séduisent depuis toujours.

Au milieu du XVIIe siècle, un élève de Rembrandt tente de peindre un Chardonneret élégant. Sur le tableau figure ce qui semble être un mâle, vu l'étendue du rouge sous le bec, perché sur un demi-cerceau de métal autour duquel un anneau coulisse. Il retient une chaînette dont l'autre extrémité est fixée à la patte de l'oiseau.

Le Chardonneret élégant, si bien nommé – il porte un masque rouge bordé de blanc pur, les yeux cerclés de noir, le plastron terne, certes, mais comme pour donner de l'importance au jaune éclatant, au blanc et au noir profond des ailes –, est sans doute l'espèce qui incarne le mieux cette volonté de capture, d'enfermement.

Le « Fringille d'or », en anglais *Goldfinch*, fascine depuis les temps anciens sur les rives méridionales de la mer du Nord. Un oiseau dont le chant vif, à la fois cliquetant et zézayant, cascadant, lui vaut d'être prisé dans les Flandres, prosaïquement, pour ses vocalises. Mais aussi en Algérie, où à la mélomanie s'ajoute une forme de superstition puisque les Chardonnerets captifs portent bonheur au foyer.

Le problème ne vient pas tant de la capture que de sa généralisation sans limites. On peut s'emparer de ces oiseaux sans presque rien risquer, par rapport au bénéfice réalisé. Depuis quelques décennies, la cote de l'oiseau s'est envolée. Pour preuve : quand on saisit « chardonneret », Google suggère de compléter par « à vendre ». Cette inflation stimule les trafics, malgré la sévérité des peines encourues. Des dizaines de candidats à la capture et à la contrebande, des prises importantes par les autorités, sont mis en scène dans le sud de la France et aux frontières. Celles du sud pour entrer et celle nous séparant de la Belgique, au nord, cœur de cette vilaine affaire.

Mais rien n'y a fait, alors que dans le même temps, pour des raisons différentes, les populations françaises ont perdu plus de la moitié de leurs effectifs.

Le silence des oiseaux commence par là. Par cette volonté primaire, propre aux cultures dominantes, de s'approprier le vivant et les espaces qu'il occupe. Comme l'étendard de leur positionnement dans le tout divers qui nous entoure.

15.

Mon fils s'est lui aussi pris de passion pour la nature. Je me souviens de l'avoir vu, dès ses premières années, s'attacher à toutes les petites bestioles de la maison.

Âgé de quatre ans, Tanguy, tout sourire, me rapporte, entre ses deux mains formant une cage, une femelle de tégénaire affolée dont les longues pattes pédalent dans le vide à travers les interstices de ses petits doigts d'enfant. Ces grandes araignées brunes, souvent présentes dans les maisons et leurs annexes, tissant des toiles voilées posées à plat dans les coins de murs, n'inspirent pourtant pas vraiment l'empathie.

Lorsque Tanguy a cinq ans et sa grande sœur Aïda neuf, nous nous offrons le plaisir d'aller admirer en famille le fabuleux bestiaire des savanes dans le parc du Kruger, en Afrique du Sud. Tanguy repère bien vite que mes jumelles, ces compagnes optiques, vieilles et indestructibles autrichiennes, procurent l'image la plus lumineuse et la plus détaillée. Ce sont aussi les plus lourdes des quatre paires emportées là-bas.

De ses petits bras et dans ses mains à peine assez grandes pour faire la mise au point, il se met pourtant en tête de les utiliser, malgré leur poids de parpaing. Elles sont aussi difficiles à manipuler pour lui que l'eût été un atlas du monde.

Pour ses dix-huit ans, c'est ce qu'il choisit comme cadeau d'anniversaire. Cette paire de plus d'un kilogramme, d'une trentaine d'années, mais toujours aussi performante qu'au premier jour.

Ce sont les premières jumelles de qualité que j'ai pu me payer, à vingt-trois ans ; modèle d'exposition à moitié prix de la Maison de l'Astronomie, rue de Rivoli. Je me l'offre en remplacement d'une autre paire, durement éprouvée par une chute d'Anne, tandis que nous montions au lac du Fischboedle, dans les Hautes-Vosges. Alors qu'elle commence à rire de sa gamelle, elle prend conscience du drame qui me frappe. Elle se relève bien vite, attrape les jumelles, les porte à ses yeux et me rassure d'un définitif : « Elles n'ont rien. »

Un bon quart desdites jumelles gît pourtant à ses pieds, sans qu'elle le remarque. Un objectif entier avec sa lentille sur la glace. Les jumelles ressemblent à une voiture à laquelle on aurait arraché un phare, une roue et une aile.

Un mois de salaire, quand même, pour les nouvelles jumelles. Celles qui m'ont accompagné comme un greffon de ma personne pendant plus de vingt ans, et que mon fils a choisies, très justement – puisse-t-il d'ailleurs y voir encore longtemps des merveilles.

Lorsqu'il revient de ses explorations en pleine nature, mon fils me fait part de ses trouvailles. C'est un moyen de nous transmettre le monde dans lequel nous vivons, d'échanger entre père et fils.

C'est aussi une façon, pour moi, de prendre la mesure des changements qui se sont produits en une génération.

Depuis bientôt vingt ans, chaque printemps, les oiseaux nicheurs sont bagués dans une large clairière humide d'orties et de reines-des-prés, en bordure nord du massif forestier de Rambouillet. Tanguy y participe parfois. Et il y entend la volubile Rousserole verderolle, cette petite fauvette des marais, brun ocre, bec fin, allongée, ailes longues sans contraste ni coloration notable. Dans les années 1990, elle n'y faisait pas résonner son chant. Aujourd'hui, il en existe presque deux douzaines d'espèces sur la planète, et les distinguer demande une attention particulière. Elles diffèrent par des détails subtils, presque invisibles au novice : la longueur et l'épaisseur du bec, la coloration des flancs, le caractère plus ou moins effilé de l'aile, la présence d'un sourcil, son point de départ, sa longueur et sa netteté. Mais aussi par leurs vocalises.

Tanguy est certain qu'il s'agit d'une Rousserolle verderolle. Il la reconnaît grâce à sa mélodie bien à elle, identifiable entre mille puisqu'elle y intègre des imitations d'autres espèces – ce qui la distingue de l'autre espèce candidate localement, la Rousserolle effarvatte –, tout en gardant son timbre de Fauvette. Certes, le chant de la verderolle est lui aussi presque continu, sans pauses, mais la succession nerveuse de syllabes grinçantes ou sifflées, les répétitions de cris et de chants d'oiseaux qu'elle a entendus et intégrés – Mésanges, Fringilles, Fauvettes, Turdidés –, lui sont caractéristiques.

Avec mes jumelles, Tanguy a également pu observer en Île-de-France, autour des grands plans d'eau, des Mouettes mélanocéphales, les Sternes pierregarin, régulières dans cette région. Elles aussi étaient pourtant rares lorsque j'ai commencé, comme la Bouscarle de Cetti, autre petite Fauvette agitée des buissons, brune, ramassée, au chant évoquant un cri d'alarme explosif, aujourd'hui bien plus fréquente qu'à mon époque.

La Grande Aigrette est un oiseau haut sur pattes, dépassant le Héron cendré en taille, d'une blancheur neigeuse, tout en longueur, des pattes, du cou et du bec, effilé comme une dague. Son cou est replié en S, au repos comme en vol ; il se déploie lorsque l'oiseau est en alerte et jaillit brutalement au moment de capturer une proie.

Grande Aigrette

Deux uniques observations de Grande Aigrette ont été recensées en région Île-de-France, en 1966 et 1970 ; une autre survient en 1977. Et l'oiseau est carrément absent de l'*Atlas des oiseaux nicheurs de France* de Laurent Yeatman (1976). Au milieu des années 1980, les ornithologues alertent de sa prochaine disparition dans les publications que je lis.

Pourtant, dans l'*Atlas des oiseaux de France métropolitaine*, paru moins de quarante ans plus tard, les auteurs recensent près de 300 couples nicheurs et 8 000 individus en hiver. Le retour de l'oiseau s'est fait, à la surprise de tous, dans les années 1990.

Mon fils l'observe presque à chacune de ses sorties, partout et toute l'année, pour peu qu'il y ait une pièce d'eau. La Grande Aigrette est même parfois observable jusqu'au-dessus de Paris, et compte bien plus de 1 000 mentions annuelles depuis une décennie dans la région.

Parmi les espèces qui forment désormais l'avifaune familière de mon fils, alors qu'on sonnait presque leur glas quelques années plus tôt : le Faucon hobereau, migrateur transsaharien, visiteur de la belle saison, chasseur d'hirondelles et de libellules, glisseur aérien, lame volante, extravagance vivante. Mais aussi l'Épervier d'Europe, autre folie du bestiaire, puisque capable de poursuivre de petits passereaux – proies favorites du mâle, bien plus menu que la femelle – jusqu'à se trouver pris dans un roncier ou les branches d'une aubépine. Il niche maintenant jusqu'au cœur de la capitale, au sein des parcs, mais aussi de lieux plus improbables : un couple a élevé ses jeunes plusieurs printemps d'affilée dans un des pins pris au centre de la Grande Bibliothèque François Mitterrand.

Depuis plusieurs années, Tanguy peut même profiter quotidiennement du divin Faucon pèlerin. L'oiseau, dont le dieu Orus partage la tête, niche à quelques centaines de mètres de chez nous, sur la cheminée de chauffage urbain de Beaugrenelle.

Présent jusqu'en 1947 en Boucle de Moisson, au nord-ouest des Yvelines, il s'était ensuite complètement éteint dans la région. Jean Monneret, auteur en 1987 d'une monographie à son sujet, y décrit ces années noires, de la sortie de la guerre au début des années 1970, où le Faucon perd les trois quarts de son aire d'origine. Des effectifs en lambeaux subsistent dans les Pyrénées, les Alpes, le Jura, les Vosges et, dans une moindre mesure, la partie sud-est du Massif central.

La faute, selon l'auteur, aux pesticides organochlorés, s'accumulant dans les organismes des insectes, des oiseaux insectivores, et finalement de ce prédateur quasiment au sommet de la chaîne alimentaire. L'abandon de ces substances, sous la pression des conservationnistes, écologistes et autres amateurs de nature, semble bien être à l'origine de son retour.

Aujourd'hui, la région Île-de-France accueille près de dix couples de Faucons pèlerins, dont la majorité sur les édifices de Paris et de sa banlieue, tours d'habitation, tours de bureaux à la Défense, cheminées.

Le pays tout entier compte plus de 1 600 couples, alors qu'à peine 200 subsistaient au milieu des années 1960.

Pour Tanguy, une observation de Faucon pèlerin n'est pas l'aventure d'un jour, comme ce l'était pour moi au même âge. C'est juste un beau moment, qui peut se répéter plusieurs fois dans une même journée, depuis un banc parisien de l'île aux Cygnes, sur la berge opposée à la Maison de la Radio.

Le retour en force des rapaces (Éperviers, Milans noirs, Buses variables, Hiboux grand-duc et autres becs crochus) et l'accroissement des populations de grands échassiers, comme la Grande Aigrette ou la Cigogne blanche, sont deux vecteurs d'espoir.

En vérité, l'ouvrage de Laurent Yeatman, *Histoire des oiseaux d'Europe*, paru en 1971, cinq ans avant l'atlas qu'il a coordonné, a provoqué deux prises de conscience majeures, dont les résultats sont visibles par mon fils, par moi et par tous les autres amateurs.

La première concerne les fluctuations d'effectifs. En effet, pour la plupart, les populations d'oiseaux d'Europe ont varié au cours des cent vingt dernières années. On pourrait presque y voir une caractéristique intrinsèque de ce groupe, très mobile et réagissant vite aux variations de ressources.

Mais vient la deuxième prise de conscience. Les facteurs de déclin identifiés il y a bientôt cinquante ans sont tous d'origine anthropique. On y trouve, pêle-mêle : la persécution, l'hygiène agricole, la déforestation, les pesticides, le drainage, la mise en culture, la chasse, l'urbanisation, la mise en culture des friches, l'architecture, la disparition d'étables, celle des landes à la suite de l'abandon du pâturage extensif en plaine, etc.

Bien des facteurs de déclin affectant les paysages résultent de mutations dans les activités quotidiennes des Français d'après-guerre, allant de pair avec l'amélioration des conditions de vie. Mais à la fin des années 1970, dix ans après cet ouvrage, la surproduction agricole entraîne l'effondrement des cours du lait, de la viande de porc et d'autres produits de l'agriculture, comme le sucre de betterave. Les producteurs de cette époque en souffrent. À se demander si les efforts considérables accomplis pour mettre le pays à l'abri d'une possible famine – argument encore avancé aujourd'hui – n'ont pas plutôt participé d'une logique spéculative ne profitant ni aux producteurs, ni à la nature.

Quant à la destruction directe, sous la pression des conservationnistes, les mesures politiques d'interdiction suivent, permettant la remontée des effectifs – avec une ou deux décennies d'inertie démographique des populations des espèces concernées, la plupart des rapaces.

À force de volonté, il a donc été possible d'influer sur le cours d'une disparition annoncée. Pour le plus grand bonheur de Tanguy, et comme un message double transmis entre sa génération et la nôtre : les protéger c'est se protéger soi-même.

16.

Si Tanguy partage avec moi non seulement cette passion du vivant, mais aussi cette singularité conduisant au regard naturaliste, ce n'est pas le cas d'Aïda. Beaucoup d'informations sont entrées bien malgré elle dans son esprit et elle en sait long, tout étonnée de pouvoir mobiliser à l'occasion ce savoir sur la nature.

À dix ans, elle revient d'une randonnée à cheval et l'ensemble du groupe me félicite pour toutes les anecdotes fascinantes qu'elle leur a racontées sur les oiseaux croisés. Pourtant, elle ne cherche pas à élargir ce savoir en se plongeant dans les livres. Tout ça lui est entré par les oreilles, sans même écouter.

Elle a, en revanche, une relation au vivant et au monde bien à elle. Et, du moins à ce jour, elle a décidé de consacrer sa vie à tenter de réparer les injustices faites aux plus jeunes.

Aïda mobilise l'empathie que peut induire la proximité du vivant dans son quotidien terrible. Elle traîne à la ménagerie du Jardin des Plantes des adolescents qui ont déjà vécu, en matière d'atrocités et de maux, ce que peu de personnes vivent au cours de toute leur existence.

Elle y constate bien sûr que certains exerceraient volontiers sur les animaux une cruauté dont ils ont été victimes, l'injustement châtié devenant injuste châtieur.

J'ai pu, moi aussi, le constater. À dix-neuf ans, l'été, je travaille comme manœuvre intérimaire sur un chantier de travaux publics, mêlé à d'autres ouvriers deux fois plus âgés que moi, dont peu savent lire et écrire, et qui tous viennent de l'autre rive de la Méditerranée.

Seuls les chefs d'équipe et de chantier sont du continent européen, en général du Portugal. Je suis là par envie d'en découdre avec un travail dur. Je ne dis rien de moi : ma présence est un peu incongrue. Et nous refaisons la voirie : pose de bordures trottoir ou caniveau, étalement de béton maigre avant l'arrivée des équipes pour l'enrobé, réfection des évacuations d'eaux usées, les égouts, et des regards de visite, au cœur d'une cité que peu d'enfants quittent en été.

Un après-midi, une bande de gamins traîne une jeune Pie tombée du nid au bout d'un morceau de ficelle de polypropylène bleu.

Cet oiseau, c'est la promesse d'un animal de compagnie de première classe, attaché, capable de répéter des mots, malicieux et taquin. C'est aussi une rareté : les nids sont inaccessibles, trop hauts sur des branches trop fragiles pour être atteintes.

J'assiste à la scène en espérant pouvoir aller parler aux enfants après la journée de travail, avant de remonter dans le camion nous ramenant tous les soirs au dépôt.

La Pie à peine emplumée passe un dur moment, remorquée comme un trophée par les jeunes tout fiers, criards et cruels. En milieu d'après-midi, elle est inerte ; de grands moulinets finissant par un choc au sol l'achèvent. Un manque d'empathie certain, une opportunité ratée pour eux comme pour cette Pie.

Ce type de comportement, pas si rare, perturbe beaucoup Aïda ; elle se résout toutefois à son omniprésence, sans l'accepter et encore moins l'absoudre.

Mais elle voit aussi chez d'autres jeunes pas mieux traités par l'existence un intérêt pour le sauvage. Le regard de ceux qui cherchent auprès des bêtes l'absence de cruauté intentionnelle qui les rend innocentes de tout – y compris, pour le prédateur, de consommer sa proie encore vivante.

Comme un refuge pour ces enfants, trouvé dans l'empathie pour des êtres subissant la vie autant qu'ils la subissent eux-mêmes ; comme une forme d'évasion. Aïda constate même chez certains des connaissances glanées çà et là, preuve d'un intérêt éveillé, la plupart n'ayant pas eu la chance de grandir dans un climat propice aux lectures sereines des après-midi pluvieux dans les foyers tranquilles.

Ma fille prévoit de me mobiliser et d'organiser des présentations sur les oiseaux devant ces jeunes, avec observation, construction et pose de nichoirs et de mangeoires. Favoriser ce lien avec la vie sauvage fait partie de ce qu'elle met en œuvre dans son combat social.

Et les oiseaux semblent particulièrement bien se prêter à ce rôle : apaiser les injustices quotidiennes et ouvrir une fenêtre sur le monde.

17.

La grange de notre longère de Raizeux, au
sud-ouest du massif forestier de Rambouillet,
occupe un bon tiers du bâtiment. C'est un foutoir
poussiéreux où s'entassent des antiquités. Des
vélos à réparer, une scie à bûches, une débrous-
sailleuse, un chevalet vermoulu, de gigantesques
lames de faux, des chaînes et des entraves pour
bêtes.

Tout ce fatras héberge aussi de la vie. Des tégénaires, ces grandes araignées velues et sombres,
avec leurs toiles abandonnées qui pendouillent
partout ; un ou deux Oreillards qu'on dérange parfois, cette petite chauve-souris dont les pavillons,
lorsqu'ils sont déployés, font un bon tiers de la

bête ; de vieux nids de Troglodytes mignons et de Rouges-queues noirs, entre autres.

Au printemps 2017 sont apparues quelques boules noires, presque aussi larges que longues, luisantes, de la taille de petits œufs de poule. De près, on peut voir qu'il s'agit d'amas de minuscules poils. Lorsqu'on les ramasse, on est surpris de leur légèreté. Et si on les disloque délicatement, on y trouve de petits os et, parfois, la partie antérieure d'un crâne portant de petites dents – en général celles, pointues, rouges ou blanches, d'une musaraigne.

Il s'agit de pelotes. Beaucoup d'oiseaux en font, rejetant ce qu'ils ne digèrent pas : paille et son, arêtes de poissons, os et poils. Lorsqu'elles contiennent des crânes, on peut être certain qu'elles sont le fait de rapaces nocturnes : les Chouettes et Hiboux avalent tout rond leurs proies, tandis que les rapaces diurnes les dépècent.

Lorsqu'elles sont presque sphériques, foncées, ce sont celles de la Chouette effraie.

Dans la grange, elles sont accompagnées d'un autre indice de présence : de grandes traînées blanchâtres, tirant sur un jaune coquille d'œuf, plâtreuses, zèbrent verticalement la charpente.

À partir de juillet, l'oiseau, jamais visible mais pourtant bien présent, a commencé sa mue, renouvelant son plumage comme ils le font tous. La grange, déjà parsemée de pelotes, se couvre d'un duvet blanc, mais aussi de grandes plumes claires : blanches, bordées de fauve orangé et barrées de bandes grises vermiculées. Tout le fatras semble décoré pour une fête païenne, avec les toiles de tégénaires retenant les plumes, les fientes recouvrant en longues coulures tous les objets de la grange, les boules noires des pelotes tombées au hasard.

Lorsque, fier, ravi et ébahi, je montre cela au voisin d'en face, je constate à sa mine abattue qu'il me prend en pitié, se désolant du caractère peu avenant des pelotes par douzaines et du bordel ambiant.

Un choc culturel, une incompréhension totale. Sa consternation se heurte à mon excitation.

Héberger une Chouette effraie dans une grange, c'est pourtant comme un cliché, un accomplissement, le signe apaisant que les temps vont bien, s'écoulent indéfiniment. La Dame blanche, *Barn Owl* – « chouette des granges », de son nom anglais –, longue sur ses pattes, au regard noir rendu interrogateur et surpris par le cœur bordant la face et l'absence de tout ce qui pourrait rappeler des sourcils ; au vol délicat, comme suspendu.

Tout juste quelques centaines de grammes, mais l'envergure d'un oiseau beaucoup plus lourd. D'où un vol d'une légèreté infinie, et silencieux comme seuls le sont ceux des oiseaux de nuit. Des barbules perpendiculaires aux barbes sur les plumes de vol et un peigne de quelques millimètres porté par les plumes du bord d'attaque permettent cette magie.

Chouette effraie

J'ai dormi dans le jardin, en juin, pour bien m'assurer de la chose. Aux environs de vingt-trois heures, alors que je peine à rester éveillé, la Chouette effraie apparaît, fantomatique, debout sur la double porte de la grange. Elle balaie les environs du regard, fixe quelques secondes la nouveauté que je constitue dans son paysage, tel un énorme asticot dans son sac de couchage. Puis elle va, en quelques battements, comme en flottant, se poser sur une cheminée voisine.

À l'automne, je grimpe jusqu'au faîtage du bâtiment, puisqu'il me semble bien que l'oiseau s'y glisse, le long de la poutre faîtière, dans un étroit espace entre les plaques de plâtre de la partie rénovée et le bois de la charpente.

Le rapace s'y trouve bien, reculé sur quelques mètres, entre les longueurs de laine de verre bordant chacun des rampants, muet et comme stupéfait de cet éclairage à la lampe de poche. Milieu hostile en théorie : entre l'ardoise et l'isolant, c'est la fournaise dès le printemps, pour peu que le soleil brille quelques heures. Mais la Chouette semble s'y plaire.

Mise en chantier d'un nichoir entre Noël et la nouvelle année. Pose hasardeuse, mais surtout périlleuse, de l'encombrante construction dans la grange, à six mètres du sol. À la visite suivante, un mois plus tard, quelques pelotes fraîches çà et là, mais pas de fientes à l'entrée du nichoir. À la fin du printemps, plus aucune trace de présence de l'oiseau. Depuis, pas de nouvelles. Un peu d'abattement. Vague décorticage de pelotes par Tanguy pour tromper l'angoisse et y chercher la présence de micromammifères devenus moins fréquents, tel le campagnol agreste, ou ne l'ayant jamais été, tel le campagnol souterrain. Espoir sourd d'y trouver une perle, comme un crâne de belette ou de chauve-souris, proies absentes du régime des autres rapaces nocturnes, Grand-duc excepté. Mais rien de marquant, hormis la patte antérieure d'une taupe.

Héberger une Chouette effraie en Île-de-France est une sorte d'événement, ou plutôt même le signe qu'on se trouve sur les bordures les plus excentrées et les plus rurales de la région. L'espèce y est devenue rare, comme tous les rapaces nocturnes.

Les estimations à grande échelle manquent, puisque ces rapaces échappent au suivi national, basé sur les points d'écoute d'oiseaux chanteurs au petit matin. Mais les suivis locaux, très précis, sont alarmants, même s'ils n'ont pas concrètement fait l'objet d'une analyse nationale, faute de standardisation.

Au début des années 1980, la communauté ornithologique s'inquiète à propos de la Chouette chevêche. Son volume (elle n'est guère plus grosse qu'une Tourterelle), sa passion pour les cavités et la présence sur tout le territoire de poteaux Télécom de tôle galvanisée, creux, la mettent en danger : les oiseaux y entrent, croyant trouver un lieu pour nicher, mais ne peuvent plus en sortir.

Mobilisation générale exceptionnelle, culpabilisation des autorités qui, en conséquence, aident l'initiative : en moins de quinze ans, tous les poteaux appelés désormais poteaux-pièges – en référence aux plus terribles autrefois en usage, coiffés d'un piège à mâchoires – sont obstrués d'une pièce de tôle peinte en noir produite tout spécialement. Des centaines de milliers de kilomètres parcourus, bien plus de poteaux rendus inoffensifs grâce à quelques milliers de bénévols passionnés. S'ensuivent divers programmes de conservation à destination de la petite chouette, avec pose de nichoirs, maintien et entretien d'arbres têtards, creux la plupart du temps, restauration de vergers, etc. Soutien des autorités pour accompagner les initiatives, rendues difficiles par les changements de pratiques.

Diverses hypothèses sont également émises pour expliquer l'absence de l'oiseau de ces territoires *a priori* favorables. Ainsi est incriminée la Chouette hulotte, plus grande et capable d'ajouter la Chevêche à son menu. Une hypothèse invalidée par la cohabitation des deux espèces dans les régions et sur des zones bien plus rurales.

Encore récemment, nous avons passé une belle soirée près de Volvic, dans une campagne charmante où des mâles des deux espèces semblaient se répondre, alors qu'ils ne cherchaient très logiquement qu'à attirer des femelles et à signaler à d'autres congénères du même sexe l'occupation des lieux.

Il faudrait plutôt chercher du côté du régime alimentaire de la Chevêche : des micromammifères, certes, mais aussi de gros invertébrés, hannetons, sauterelles vertes, grillons des champs, etc., particulièrement ciblés par la phytopharmacie. Comme pour d'autres, il semblerait bien que l'espèce peine à se nourrir.

La Chouette effraie, en revanche, ne souffre pas de famine. De tous les rapaces nocturnes, c'est probablement elle qui varie le plus ses repas. Certes, ils restent composés essentiellement de proies à poil, mais des insectivores (musaraignes, taupes), des rongeurs (campagnols, mulots, rats et souris), des chauves-souris, des mustélidés (belettes si elles se présentent), de jeunes lapins même, peuvent y contribuer.

Elle consomme beaucoup plus rarement de la faune à plume, mais cela peut arriver ; les oiseaux peuvent même constituer jusqu'à un tiers des proies lorsque la ressource est là. Sans oublier de gros invertébrés s'ils ont le malheur de tomber sous ses serres.

L'Effraie souffre en vérité d'un problème de tout autre nature dont on pourrait s'inquiéter, tant il semble insoluble : sa technique de chasse, le vol bas, à quelques mètres du sol seulement, et à la limite du décrochement. Cette stratégie, pour un rapace misant sur son ouïe, pourvu de disques faciaux agissant comme des paraboles et disposant même d'une différence de hauteur des tympans, lui permet d'évaluer la direction des sons non seulement latéralement, tout comme nous, mais aussi verticalement, pour localiser l'origine du moindre bruissement au sol.

Ce mode de prédation rend, en revanche, l'oiseau terriblement vulnérable aux collisions avec les véhicules. Tout le monde, sans le savoir, a vu une Chouette effraie. Impossible de faire plusieurs centaines de kilomètres sur une autoroute sans croiser des victimes, silhouettes immaculées gisant, désarticulées, sous les glissières de tôle ou sur les bas-côtés.

Est-ce bien là la principale raison de la désertion des campagnes par cet oiseau ? Très vraisemblablement. Même avec une démographie particulièrement plastique, on ne peut imaginer qu'une telle mortalité soit compensée intégralement par la production de jeunes chaque printemps. Une telle hypothèse est confirmée par la désertion en priorité des zones comptant de grands axes routiers, qu'ils traversent ou non des milieux favorables à l'espèce, sachant que tout habitat lui convient. Hormis les milieux tempérés densément boisés, elle est partout, et sur tous les continents, Antarctique excepté.

Elle est loin d'être menacée à l'échelle globale. Pourtant, elle semble condamnée à s'effacer doucement de nos régions. Une perte de patrimoine, une forme de deuil d'un être familier pour beaucoup, indissociable d'une image apaisée du quotidien rural, délicat spectre blanc glissant silencieusement sur nos terres.

18.

Mary Bergin est une musicienne irlandaise née
à la fin des années 1940, célèbre pour sa pratique
du *tin whistle*, ou *penny whistle*. Son premier
album est sorti en 1979, soit neuf ans après sa vic-
toire au championnat d'Irlande de cet instrument
au son bien particulier. La pochette du disque :
un Traquet pâtre perché au sommet d'un ajonc.
En Irlande, cette petite flûte à six trous est une
véritable institution. Elle tient dans une poche et,
à force d'ornementations virtuoses, suffit à ani-
mer une soirée au pub. Le répertoire traditionnel
compte aussi bien des morceaux d'une incroyable
vivacité que des airs lents et mélancoliques. Tous
les registres, donc.

Le choix par Mary Bergin d'un Traquet pâtre, ou Tarier pâtre, pour sa plaquette de disque est pertinent. L'image capture à elle seule la musique de ce pays. L'oiseau, tête noire, col blanc, gilet rouge-orangé et dos sombre, est commun en Irlande, cette île relativement isolée dont l'avifaune est moins diverse que celle du continent.

À l'écoute du disque, on se prend ensuite à rêver de murets de pierre bas, de prairies grasses, de touffes d'ajoncs en fleur, et d'un Traquet pâtre poussant ses *zîît-trec* claquants, ses *trec-trec* secs et la poignée de notes grinçantes qui lui fait office de chant. Le tout au sommet d'un buisson épineux, d'une pierre saillante ou d'un piquet. Comme une figure intemporelle, un tableau éternel.

On en voudrait, au cours de nos balades dans les campagnes. De vieux outils agricoles abandonnés, d'antiques clôtures de barbelé rouillé tenant sur des piquets vermoulus – et, perché sur l'un d'eux, un mâle de Traquet pâtre, veillant sur une prairie inégale, bosselée de colonies de fourmis jaunes et de quelques taupinières.

De nombreux ornithologues et autres naturalistes vivent dans cet instant d'éternité trompeuse. On voudrait l'oiseau vivant libre dans une nature à peine contrôlée, à peine modifiée. Et on s'oppose à l'agriculture, cette mise en service des terres, socle de toutes les civilisations ayant émergé ces huit mille dernières années.

Et pour cause : les oiseaux sont, d'une certaine façon, victimes et bénéficiaires collatéraux de cette activité. Ouverture des milieux forestiers formant un lieu d'accueil aux espèces steppiques. Puis, simplification des structures, arrêt de la polyculture couplée à l'élevage, abandon des jachères, certes, mais aussi et surtout usage de biocides. L'agriculture est bien en cause dans leur déclin.

Les victimes indirectes font pourtant partie d'un cortège d'espèces dont on devrait se dire que, si elles se portent bien, le milieu se porte bien, ainsi que tous les autres occupants et bénéficiaires de ce milieu, homme y compris.

Un peu comme dans le cas des canaris utilisés encore récemment dans les mines. Dans leurs cages suspendues aux étais, ils étaient surveillés de près par les ouvriers qui guettaient l'oiseau posé sur le flanc, yeux clos, signe que le taux d'un des divers gaz toxiques présents devenait critique. Néanmoins, toujours peu ou pas d'implication de l'agriculture en tant que telle dans la conservation – du moins, pas à la hauteur des dommages constatés.

Plutôt des mesures à la marge, concernant une frange des exploitations, dont celles des cultivateurs pratiquant l'agriculture biologique. Mais pas d'intégration à proprement parler au cœur de l'activité, c'est-à-dire mêlant conservation du vivant sauvage et production du vivant trié.

Cinquante ans après avoir abandonné des pratiques de destruction systématique des rapaces et des ardéidés, serait-il possible de voir émerger une agriculture conciliant production et conservation, mise à l'abri des spéculations ravageuses ?

Non plus seulement sous forme d'engagement militant, comme on peut le voir avec les conversions en bio, mais jusqu'au cœur de l'activité des fermiers, agriculteurs, cultivateurs, ainsi payés pour les multiples services qu'ils assurent, outre la production.

On peut légitimement en douter, vu la complexité du système régissant l'agriculture en place et les flux monétaires entre parties prenantes, pour la plupart spéculatifs. C'est bien dommage. Car, alors peut-être, non seulement les rapaces continueraient leur bonhomme de chemin parmi l'avifaune, mais aussi les Moineaux friquets, Linottes mélodieuses, Alouettes des champs, Bergeronnettes printanières, Traquets tariers, Pipits farlouses et autres Cochevis huppés...

Toutes ces espèces communes il y a cinquante ans, mais aujourd'hui souvent rarissimes dans les campagnes, reviendraient occuper ces steppes.

Linottes et alouettes sont encore bien présentes, çà et là, et on les croise au gré d'une balade dans la campagne francilienne en avril, quoique en quantités toujours plus diminuées pour qui cumule quelques décennies d'observation. Mais le Moineau friquet et le Cochevis huppé font désormais figure de raretés.

Quant au Traquet tarier, proche cousin du Traquet pâtre du disque de Mary Bergin, affublé d'un long et épais sourcil clair et considéré comme

« nicheur très commun » au XIXe siècle, Tanguy
sait bien qu'il est illusoire d'espérer en observer
dans les campagnes d'Île-de-France.

Un tel constat ne relève pas d'un âge d'or
regretté et fantasmé, d'un éden passé éveillant une
nostalgie d'ornithologue, puisqu'on a vu que, si
ces petites espèces ont été communes, les rapaces
et ardéidés s'y faisaient rarissimes. Il relève plutôt
d'une inquiétude.

Et l'on a tort de nous reprocher, comme on le
fait parfois, de nous livrer à l'*agriculture bashing*.
Il ne s'agit pas de dénonciation systématique et
infondée, comme le suppose ce terme qu'on pourrait traduire par « dénigrement ». Mais, effective-
ment, tout laisse à penser que l'agriculture est
à la source du déclin en cours – déclin aggravé
par d'autres facteurs, qui semblent tous moins
intenses pour les oiseaux des campagnes. Mais
pas de *bashing*, qui sous-entendrait qu'il s'agit
d'une accusation injuste, arbitraire. L'accusation
est fondée.

19.

Le Martin-pêcheur, cet invraisemblable oiseau semblant échappé des tropiques, se creuse un terrier pour nicher.

Bleu électrique et bleu profond, orange vif et blanc, un crâne, tête et bec compris, dont la longueur égale presque celle du reste du corps, le Martin-pêcheur pourrait paraître aussi ridicule que beau. C'est là une grâce propre aux oiseaux que cette inconscience de leur apparence. Ignorant tout de ses proportions inhabituelles, le Martin-pêcheur nous abandonne la responsabilité de le trouver grotesque, comme celle de lui poser une bague spéciale, basse, conçue spécialement pour ses courtes pattes.

Il s'abandonne d'ailleurs à cette opération avec une bonne volonté qui surprend, de la part d'un oiseau dont le plumage bigarré évoque davantage le fond des forêts tropicales que la complicité avec la civilisation humaine. Il n'est pas difficile, dans les instants qui suivent sa capture, de le poser sur le dos dans la paume de la main. Il suit alors des yeux d'un air réprobateur celui qui vient de s'emparer de lui, les ailes repliées sur le dos ; il lui pince éventuellement le doigt, mais ne s'envole pas tout de suite. Il lui arrive même de rester suspendu, par son bec incongru, au doigt contre lequel il a voulu défendre sa liberté.

C'est alors un bonheur que de le voir s'envoler comme un regret pour aller se poser, parfaitement immobile, sur la tige fléchie d'un roseau, une branche élancée ou un panneau « Pêche interdite » planté là un beau jour par un garde champêtre. Démentant les promesses de sa robe extravagante, il sait alors se faire discret, avant que ne le trahisse son sifflement long, puissant et monotone, et qu'il ne décolle de son vol direct et rapide.

À la fin de l'été, les jeunes et les adultes se quittent et se dispersent. On les trouve alors jusque dans des endroits inattendus, pourvu qu'il y ait de l'eau.

J'en ai vu un de près au cap Fréhel il y a trente ans, alors que je pratiquais l'apnée pour observer la faune invraisemblable que recèlent les fonds bretons. Perché sur un rocher et superbement indifférent au vaste océan qui lui faisait face, il guettait ses proies d'un œil alerte. Seuls les crabes et les petits poissons semblaient retenir son attention, tandis que l'œil humain le découvrait seul et fragile dans un environnement autrement imposant qu'un ruisseau ou une mare.

Personne ne pourrait imaginer que cette bestiole chamarrée soit capable de se creuser un terrier au beau milieu d'une berge abrupte, à force de vols sur place, de piquetage et d'exportation des matériaux avec un bec effilé, parfait pour plonger et pêcher goujons et têtards.

Un long boyau de parfois près d'un mètre, qui se termine sur une cavité plus large. Régulièrement érodées par les courants, les berges fournissent des sites propices au creusement.

En plein Paris, il y a un peu plus de dix ans, un couple s'est installé dans un endroit inattendu : dans le XVe arrondissement, là où les berges de la Seine sont maintenues par des tôles enfoncées verticalement. *A priori*, donc, impropres à la nidification de l'oiseau tunnelier.

Ce serait oublier sa pugnacité et son opportunisme, puisqu'il a utilisé les orifices destinés à manœuvrer ces lourdes tôles comme entrée de son forage dans le sol meuble. Face à la Maison de la Radio, ce couple s'offrait aux observateurs avisés comme un signe – témoignant d'un monde où la beauté se propage à coups de bec et à tire-d'aile, plutôt que par les ondes.

Ce spectacle suffisait à battre en brèche cette vision occidentale de la nature selon laquelle le vivant doit être protégé, surveillé, et même géré, comme s'il avait attendu les prescriptions de ce singe trop (ou pas assez) savant pour se déployer librement, magnifiquement, généreusement. À entendre ces ouvriers de la dernière heure, c'est à se demander comment la nature a bien pu vivre sans l'homme – elle qui, pourtant, peine à vivre avec lui.

C'est que l'homme, justement, ne s'est guère signalé par son amour des Martins-pêcheurs. Cet oiseau a longtemps fait partie des espèces « susceptibles d'occasionner des dégâts » – autrement dit, de ces « nuisibles » que chacun pouvait détruire avec le sentiment de s'acquitter d'une mission relevant du bien commun. « Nuisible », qualificatif dont on sait bien aujourd'hui à quel point il est absurde, puisqu'il sous-entend le bien et le mal dans la nature.

Plus personne n'oserait plus incriminer de nos jours le Martin-pêcheur pour les dégâts dont on l'accusait dans les élevages de poissons. Chacun sait désormais que c'est à l'homme qu'il incombe de protéger l'élevage artificiel au cœur du naturel, et non aux animaux de s'interdire de dévorer ce dont ils se nourrissent. Les bassins d'alevinage ont donc été rendus inaccessibles, pour que le Martin-pêcheur ne soit plus jugé coupable d'avoir mangé ce qui le met en appétit.

Il n'en va malheureusement pas ainsi de la Pie bavarde, que l'on découvre captive d'un document très officiel publié en 2014 et intitulé « Guide pratique relatif à l'élaboration des dossiers de demandes préfectorales de classement ministériel de spécimens d'espèces sauvages indigènes en tant que "nuisibles"». La section « Typologie des dégâts » juge cet oiseau coupable de « prédation dans les nids de turdidés, columbidés, anatidés et phasianidés », et « plus rarement de dommages aux cultures (pois, maraîchage), vergers (arbres fruitiers – fruits à noyaux) et vignes ». En résumé : on tue la Pie parce qu'elle prédate à l'occasion les nichées du Pigeon qu'on tue parce qu'il boulotte les semis.

Adultes, les turdidés et columbidés peuvent se trouver au menu de l'Autour des palombes et du Faucon pèlerin. Majestueux assassins lorsqu'ils sont au poing, sur le gant, privilèges de la noblesse, signes de richesse et de pouvoir dans les steppes kazakhes et mongoles, dans les pays du Moyen-Orient et, anciennement, dans toute l'Europe de l'Ouest. Simples membres des oiseaux dont le régime alimentaire repose sur la prédation d'autres espèces lorsqu'ils sont en nature, hors du regard des hommes. Un groupe dans lequel la Pie trouverait sa place, pour peu qu'on la laisse vivre sa vie.

De la même manière, l'écureuil roux figure au menu de la Martre, et l'un et l'autre consomment avec délices les œufs et les oisillons des grands turdidés et des columbidés. Quant aux anatidés (les oies et canards) et aux phasianidés (les faisans), il s'agit d'espèces de gibier pour lesquelles on se trouve à mi-chemin entre le sauvage et le domestique.

Le Canard colvert voit ses populations sauvages « renforcées » de plus d'un million d'individus par lâchers, au moment de la chasse en France. Au moins 1,4 million plus précisément, selon les données publiées dans la thèse de doctorat soutenue en 2011 par Jocelyn Champagnon, qui retient environ 100 000 couples nicheurs pour la population sauvage.

Concernant les phasianidés, plus de 3 millions d'oiseaux sont tirés à la chasse chaque année. On doit leur introduction aux Romains et, alors qu'on estime leur population sauvage à un demi-million, la quantité d'oiseaux lâchés chaque année serait, selon l'Office national de la chasse et de la faune sauvage, d'environ 10 millions.

Dans ces conditions, on peut se poser la question : pourquoi protéger ces espèces de la prédation toute naturelle, et anecdotique, de la Pie bavarde, et pourquoi condamner celle-ci à une destruction systématique ? Un premier élément de réponse réside dans le caractère récréatif de la chasse : retirer la Pie de cette liste des « nuisibles », c'est se priver d'un coup de fusil. La face plus obscure de ce maintien se cache dans une vision de la nature qu'il faudrait contrôler, maîtriser, museler – une nature animée de mauvaises intentions à son propre endroit et qu'il faudrait protéger d'elle-même.

La Pie est voleuse, bavarde et gourmande. Puisqu'elle appartient à l'empire du Mal, c'est faire œuvre pie que de l'abattre.

Évidemment, au vu de l'évolution des cent dernières années, on peut espérer que cette liste d'espèces dites nuisibles continuera de se réduire, jusqu'à ne plus compter aucune créature vivant en milieu naturel.

Il faut donc viser la disparition, avec cette liste maudite, de la vision de la nature qui la sous-tend – une nature que nous protégeons si bruyamment d'elle-même que nous prenons le risque de la rendre muette, en même temps que nous nous rendons sourds.

20.

Au début des années 1990, Anne et moi passons régulièrement quelques jours auprès de mes parents, récemment installés à Biarritz. Nous explorons la campagne et les collines du Pays basque, au pied des Pyrénées. Des pans couverts de Fougère aigle, des chênes bas, n'ayant pas eu à chercher la lumière, monstrueux, larges et hauts, cagneux de tronc, sombres et pourtant rassurants, forts comme des embases de piles de cathédrale, le long de chemins ravinés, enfoncés entre deux talus.

Au hasard de nos balades, nous nous posons dans l'herbe grasse, voire y faisons une sieste, quel que soit le temps – pour peu qu'il ne tombe rien, ni neige ni pluie.

Lors d'une de ces siestes les yeux grands ouverts, juste sous le sommet d'un mamelon, à guetter le passage d'un Aigle botté, d'un Autour des palombes ou d'un Milan royal, un souffle comme celui d'une voile rigide dans le vent. Une silhouette de trois mètres de large, sombre et sans un mouvement dans sa glissade, nous obscurcit le ciel momentanément.

Nous sommes subjugués, étonnés de son indifférence à notre égard. On ne l'intéresse pas, ce vieux sage à la tête et au coup déplumés pour entrer profond dans les carcasses, aux grosses pattes de poule et à la démarche claudicante, presque sautillante, la tête se balançant au bout du cou rentré dans les épaules, comme une caricature de félon. Mais seigneur en vol.

Dans l'air, il maîtrise. Il peine souvent à décoller ; mais, une fois cet effort fait, c'est comme s'il n'en avait plus jamais à faire. Pas un mouvement, que de grandes orbes sur des courants thermiques, bulles d'air un peu plus chaud que le reste le menant haut.

Un Vautour fauve, si bas que, dans mes souvenirs futurs, je m'en remémorerai comme si j'avais pu le toucher en tendant le bras, sans même me lever.

Un gigantesque sage. D'aspect revêche, sérieux jusqu'à l'autoritarisme, à cause de deux arcades sourcilières marquées – absentes chez le Vautour percnoptère ou le Gypaète barbu, mais bien présentes chez le Moine –, de deux yeux comme deux perles de verre noir, et d'un bec crochu, épais, corné.

Vautour fauve

Strictement charognards, les Fauves se nourrissent en groupe sur des carcasses volumineuses :

ongulés tels que cerfs ou chevreuils exceptionnelle-
ment, ovins, caprins ou bovins la plupart du temps.
On estime qu'il faut environ 300 kilogrammes
de carcasse par an pour permettre à un individu
d'en consommer la moitié – le reste étant boulotté
par d'autres –, de survivre et de se reproduire.
Étant donné la mortalité naturelle des ovins,
par exemple, il faut donc environ 20 000 têtes
pour assurer le maintien d'une population d'une
centaine de vautours.

Par empoisonnement ou destruction directe,
par famine aussi – à la suite de l'obligation d'en-
terrer les cadavres de moutons, plutôt que de les
jeter dans les avens et d'en polluer les cours d'eau,
comme on le faisait avant –, en 1983, les vautours
ont presque disparu de nos régions, ne subsistant
qu'en quelques groupes au Pays basque.
Ils ont ainsi carrément disparu de Lozère depuis
presque quarante ans. Deux générations.

En 1985, je traîne en seconde dans un lycée de
banlieue parisienne. Bruyant, agité et dissipé, je
butine les journées. À cet âge, on rencontre un

pair à midi, on échange à bâtons rompus sur le sens de la vie dix minutes plus tard, pour se croiser indifférents, échangeant un vague regard, l'année suivante.

Cela m'est arrivé avec un camarade dont j'ai oublié le prénom. Galois était son modèle : deux échecs au concours d'entrée à Polytechnique, renvoyé de l'École normale et emprisonné pour ses idéaux, touché à vingt et un ans, au printemps 1832, dans un duel d'amour, et mort le lendemain dans les bras de son frère en ayant refusé un prêtre.

Un héros tragique. Mais, pour couronner cette légende, ses écrits rendus publics occupent les mathématiciens jusqu'au XXe siècle et il est célébré lors du centenaire de l'École normale, soixante-trois ans après sa mort, doublant sa légende de maudit de celle d'un génie méconnu. Un scénario en or pour un *biopic*, un profil parfait pour illuminer l'idéal adolescent.

Mon ami traînait derrière lui la biographie d'Évariste Galois comme une dépouille. J'en découvrais l'existence. Je portais de mon côté les aventures de Robert Hainard, ses nuits passées en Roumanie à l'affût du loup, ses observations de loutres se chamaillant, de longs textes immersifs, entrecoupés de ses croquis et de ses gravures, avec sa tête tirant vers celle de Michel Simon à la fin de sa vie.

Ce meilleur copain d'un jour, ou plutôt de quelques semaines, s'extasie devant ma passion des oiseaux. Il me raconte des vacances dans les Cévennes, cailouteuses, pelées, désertées de la civilisation, et me dit en avoir rapporté une brochure traitant de l'incroyable richesse ornithologique de la région.

Ce parc national, quatrième de l'histoire des parcs nationaux, est le premier – hors des massifs montagneux inhabités – à héberger en son cœur des activités humaines. C'est le plus grand de métropole : presque 1 000 kilomètres carrés.

Il me confie ladite brochure le lendemain. Je l'ai toujours. Il s'agit du numéro double 11 et 12 de la revue sobrement intitulée *Cévennes* et, dans le cas de ce numéro, « Oiseaux du Parc national des Cévennes » (1983).

Une revue datée, dans son format (un peu plus de 15 centimètres de large pour plus du double de haut), sa police et sa mise en page, et surtout dans les photos l'illustrant, issues de diapositives dont l'impression n'a rien conservé de la vivacité. Un sommaire qui, avant de présenter les diverses espèces, donne la parole. Quatre entretiens successifs. Le premier avec un journaliste ornithologue, ancien résistant, interné plusieurs mois, Gérard Ménatory. Décédé il y a vingt ans, c'était le fondateur du parc à loups du Gévaudan. C'était surtout l'initiateur du premier arrêté préfectoral de protection de l'Aigle royal sur le territoire français, en Lozère, à l'opposé de la prime à la serre d'aigle qui était jusqu'alors offerte aux chasseurs. Il s'insurge déjà, en 1983, contre le caractère absurde et obsolète du qualificatif « nuisible ». Gérard Ménatory se montre fortement partisan des réintroductions, allant même jusqu'à prôner celle du Bison d'Europe, éteint en Lozère depuis plusieurs milliers d'années.

Il dit avoir quitté le conseil scientifique du parc pour cause de divergence de points de vue. Il mentionne bien sûr le Vautour fauve, dont quelques essais de réintroduction au début des années 1970 ont échoué. Il cite le père du maire de l'époque, lui-même ancien maire, qui lui a décrit les derniers vautours s'élevant des gorges de la Jonte comme un « spectacle magnifique ».

Le deuxième entretien donne la parole aux chasseurs : un lieutenant de louveterie responsable d'une association de chasse locale et une chasseuse de grives et de perdreaux. Les deux se plaignent de l'excès de chasse et du manque de gibier. Parlent de réguler les rapaces alors strictement protégés depuis peu.

On y trouve une perle, prémonitoire d'un trop célèbre et trop réaliste sketch : « Un bon chasseur doit savoir ce qu'il tire. » *Sic.* Une forme d'évidence, bien sûr, ne serait-ce que pour éviter les accidents. Mais aussi une forme de lapsus révélateur.

Michel Brosselin est interrogé dans le troisième entretien. À l'époque de la publication, il est décédé accidentellement depuis déjà trois ans. Rien ne le dit. Il est simplement présenté comme le directeur scientifique de la Société nationale de protection de la nature.

D'une clairvoyance toujours d'actualité, Michel Brosselin décrit en quelques phrases l'enjeu majeur de la réintroduction du Vautour fauve. Une première tentative infructueuse a eu lieu dans les premières années de la décennie 1970. Le témoignage de Michel Brosselin est enrichi de cet échec.

« Il s'agit là d'une question de politique... Pour fournir à manger à ces charognards, l'homme devra donc se substituer à la nature. Il y a certainement là une conception un peu artificielle, mais on ne peut à la fois vouloir le tout et le contraire du tout : c'est-à-dire le développement agricole et la survie de ces Vautours fauves qui dépendait de son état moyenâgeux. »

Le dernier entretien est la retranscription d'un échange entre un ornithologue local et un couple d'agriculteurs du causse Méjean, Jean-Michel et Yvette, une quarantaine d'années, et Augusta, sœur de Jean-Michel.

Tous les trois connaissent très bien les oiseaux du coin et leurs rythmes annuels. Les dénominations employées sont issues du patois local et correspondent parfaitement à la taxonomie. Des petits passereaux visiteurs aux plus grosses espèces, tout y passe. Hubert, l'ornithologue conduisant les échanges, intervient peu : Yvette, Augusta et Jean-Michel discutent entre eux sans arrêt. Avec humour aussi : si la basse-cour de Mme Védrines a été vidée de ses volailles, Jean-Michel signale quand même qu'il s'agit « peut-être bien d'un drôle d'oiseau » puisque, « à l'automne, lorsque les rapaces n'ont pas de petits à nourrir, ils mangent sur place et que, là, ni le moindre morceau de bête ni la moindre plume n'ont été retrouvés ».

Arrive le sujet de la réintroduction du Bouldras, le Vautour fauve. Jean-Michel craint que les oiseaux ne trouvent rien à manger. Il cite son père, qui a été le témoin de nombreux vols au cours de la première décennie du XXe siècle, avant la Première Guerre mondiale.

Il mentionne 1936 comme année de leur extinction locale. À cette époque, Jean-Michel avance qu'on jetait sur le causse « au moins dix bœufs et chevaux » chaque année, que les éleveurs avaient plus de brebis que les terres ne pouvaient le permettre, qu'elles agnelaient dehors et que, surtout, on laissait les charognes sur place, puisqu'en deux jours c'était nettoyé par les corbeaux, les chiens, les renards.

Et les Bouldras, les Vautours fauves.

Jean-Michel doute d'un possible retour, puisque « ces bêtes-là, il va falloir les nourrir ». Nourrir des Vautours fauves, des charognards, des bêtes autrefois exterminées au poison au nom de leur mauvaise réputation.

On en est bien là. À la fin des années 1970 s'est développée, dans l'esprit de quelques passionnés, l'idée qu'il serait possible de réintroduire une espèce dont le sort reposerait intégralement sur une pratique liée à l'élevage : laisser les carcasses des bêtes à disposition.

Cela implique de composer avec les règlements hygiénistes de l'époque, d'en créer de nouveaux

– le tout, toujours, sous la vigilance de l'administration, organisée en millefeuille dont les couches sont liées entre elles comme par les drageons d'une plante rendue folle de tout contrôler.

Çà et là est évoqué ce rapport à la nature qui voudrait qu'on lie si fortement la survie d'un élément du vivant non domestiqué, et pourtant peu sauvage, à sa dépendance à l'homme.

Il ne s'agit ni d'une espèce sympathique, ni d'un parasite. Il s'agit d'un oiseau pour lequel l'Occident, dans sa toute-puissance, lève le pouce, à la manière dont il le baisse encore pour le Renard roux, la Corneille noire ou la Pie bavarde.

Dans le cas présent, cette mansuétude infinie, c'est pour le grand plaisir de tout une foule de concitoyens, dont moi et mes proches. Se poser à flanc de colline et passer des heures à contempler ses vols comme suspendus, qu'on peut voir arriver et repartir sur des kilomètres, tant l'oiseau est gigantesque.

C'est aussi une source de giclées de bile régulières dans quelques estomacs revêches et aigris.

D'aucuns tentent en effet de faire comparaître ces rapaces dans de sombres procès de sorcellerie : ils attaqueraient désormais jeunes à peine nés et femelles en mise bas.

Pas de films à ce jour, malgré les dizaines de pièges vidéo utilisés un peu partout et permettant de détecter la présence du loup furtif et de toute une série de mammifères nocturnes. Pour le Vautour fauve, coupable du pire, toujours aucune preuve par l'image.

Il peut certainement arriver que des bêtes, épuisées par un vêlage ou un agnelage au pré, comateuses, se fassent dévorer par un rapace. Mais les éleveurs ne laissent que rarement les bêtes sans surveillance, notamment lorsqu'elles mettent bas.

Dans certaines campagnes, des éleveurs proposent une solution plus ancienne : le charnier. Une placette de nourrissage, où déposer les cadavres de bêtes, mais pour laquelle il faut solliciter des autorisations administratives.

Chez ceux qui y parviennent, le pari est réussi. Tous les éleveurs des collines alentour pourront y amener les bêtes crevées, voire demander qu'on vienne les prendre. Les pièges vidéo sont aussi en place. On y lit les bagues des oiseaux. On y voit le partage entre tout ce petit monde de l'équarrissage naturel : sangliers et renards, Grands corbeaux et Corneilles, Vautours fauves et moines, Percnoptères – dont les effectifs, contrairement aux trois autres espèces, déclinent d'année en année.

On a ainsi l'exemple qu'une collaboration est possible, où chacun se rend service mutuellement. Les vautours, en évitant des kilomètres et des frais ; les éleveurs, en nourrissant les premiers et en se repaissant de leur majesté.

Ce lien entre activités humaines et vie sauvage devrait être un préalable à toute réintroduction. Les exemples existent là où les espèces ne sont pas encore éteintes, au-delà des Pyrénées ou plus à l'est en Europe. Mais cela suppose une acceptation préalable, un accord de gré à gré entre les hommes et les bêtes.

Tanguy est parti pour quelques mois en Australie traîner ses tongs, se faire un peu au monde. Il vaque, jumelles au cou, d'auberges de jeunesse en campings et de parcs en réserves.

Il me plaît de le savoir en compagnie d'oiseaux que je côtoie en France. Comme un lien par-delà ce demi-tour de globe. La Chouette effraie, quelques espèces introduites et naturalisées dans ce grand foutoir expérimental qu'est ce continent depuis deux siècles, beaucoup de limicoles et autres oiseaux d'eau, dont l'Ibis falcinelle.

L'Ibis brillant, comme disent les anglophones, lie-de-vin, ailes noires moirées, iridescent, comme couvert d'un velours riche, trimbale son long bec de divinité dans les marais. Rareté lorsque j'avais l'âge de Tanguy, nous en avons vu six vadrouillant dans les brumes des barthes de l'Adour au petit matin en septembre dernier.

Rien de bien étonnant : en 2006, 14 couples sont répertoriés en Camargue gardoise, au Scamandre ; 196 en 2009, 322 en 2010, et vraisemblablement aux alentours de 2 000 sur les quelques sites occupés de Camargue aujourd'hui.

Une leçon d'humilité pour les comptables rationnels que nous sommes : on ne s'explique pas cette croissance, on avance des hypothèses. On ne constate pas de remplacement manifeste d'autres espèces par l'Ibis, les colonies déclinent dans leurs bastions historiques européens dans le delta du Danube et ailleurs à l'est.

Les effectifs explosent en Camargue, dispersent un peu dans les marais atlantiques, sans qu'on y comprenne grand-chose et surtout sans qu'on y soit pour rien d'évident. Ailleurs dans le monde, cet oiseau présent en douce sur tous les continents (excepté l'Antarctique) vit des fortunes diverses, se déployant ici, régressant là.

Voilà un exemple d'espèce ni chassée, ni gérée par des conservateurs actifs de la nature, qui semble vivre sa vie malgré nous, indifférente à nos gesticulations. Une forme d'affront à notre vision du monde. Mais aussi une forme d'espoir.

Certes, il y a déjà des victimes parmi ces dino-saures emplumés, et d'autres restent encore à venir. Mais le silence des oiseaux n'est pas pour demain. Celui de notre civilisation, en revanche, si elle continue sa trajectoire insatiable, est à envisager.

Composition et mise en pages
Nord Compo à Villeneuve-d'Ascq

www.ingramcontent.com/pod-product-compliance
Lightning Source LLC
Chambersburg PA
CBHW061213220326
41599CB00025B/4623